■ 2021年度玉林师范学院高层次人才启动项目(G2021ZK05)成果
■ 2020年度玉林师范学院高等教育本科教学改革工程项目(2020XJJGYB08)成果
■ 2019年度广西高等教育本科教学改革工程项目(2019JGB314)成果

人居环境自然适宜性评价与优化策略研究

——以东莞市为例

彭义春　编著

西南交通大学出版社
·成都·

图书在版编目（ＣＩＰ）数据

人居环境自然适宜性评价与优化策略研究：以东莞市为例/彭义春编著. —成都：西南交通大学出版社，2021.11

ISBN 978-7-5643-8406-7

Ⅰ. ①人… Ⅱ. ①彭… Ⅲ. ①居住环境 – 适宜性评价 – 研究 – 东莞 Ⅳ. ①X21

中国版本图书馆 CIP 数据核字（2021）第 239189 号

Renju Huanjing Ziran Shiyixing Pingjia yu Youhua Celüe Yanjiu
——yi Dongguan Shi Weili

人居环境自然适宜性评价与优化策略研究
——以东莞市为例

彭义春　编著

责任编辑	罗爱林
封面设计	原谋书装
出版发行	西南交通大学出版社
	（四川省成都市金牛区二环路北一段 111 号
	西南交通大学创新大厦 21 楼）
发行部电话	028-87600564　028-87600533
邮政编码	610031
网址	http://www.xnjdcbs.com
印刷	成都蜀通印务有限责任公司
成品尺寸	170 mm×230 mm
印张	13.75
字数	204 千
版次	2021 年 11 月第 1 版
印次	2021 年 11 月第 1 次
书号	ISBN 978-7-5643-8406-7
定价	76.00 元

　　人居环境是人类生存和发展的基础，良好的人居环境是满足人们物质和精神生活需求的保证。东莞市的经济快速增长，一方面在一定程度上导致了资源短缺、生态恶化等问题；另一方面使更高的生活质量、居住环境、人文社会环境成为人们的进一步需求。在这样的社会背景下，加强对人居环境自然条件的动态研究，不但能科学地分析区域人居环境自然适宜性的空间格局和变化规律，实现人口、资源、环境三者的协调和可持续发展，而且能为区域的未来发展规划提供决策支持，同时对合理引导人口的空间分布和正确划分区域功能区具有重要的现实意义。

　　地形、气候、水文和植被等自然因子不但深刻影响人类居住环境的质量，而且对人类居住环境的适宜性产生了较大的影响。本研究基于东莞市32个气象观测站2014—2020年的气象数据、1∶25万东莞市DEM数据、Landsat TM5影像及公里格网的人口栅格数据以及1∶5万的东莞行政区划矢量数据等相关资料，以广东省东莞市标准地图【审图号：粤 S（2018）016号】为基准，以1 km×1 km的栅格为基本评价单元，借助GIS、RS和SPSS等技术，采用窗口分析法、K-最近邻、决策树和BP神经网络等算法，结合东莞的实际自然环境状况，选取地形、气候、水文和植被4个单项因子，提取地形起伏度、水文数据、NDVI、MNDWI、Slope、NDBaI、土地利用类型数据，采用GIS等技术计算东莞市地形起伏度、温湿指数、风效指数、水文指数和植被指数，并生成这些指数的栅格数据集，基于此进行单因子的人居环境适宜性评价；然后基于各种指数与人口分布的相关性，采用BP神经网络算法，确定各评价指标因子的权重，建立人居环境指数模型（HEI），并对东莞市人居环境自然适宜性进行定量的综合评价分析；最后根据各镇街 2020 年人口密度数据以及土地利用现状数据中的建设用地数据，对人口空间分布进行处理，再结合自然适宜性评价结果，分析两者的相互关系并提出优化建议。

本书运用 RS 和 GIS 技术，为人居环境适宜性评价提供了多尺度、多数据源、空间分析及可视化表达方法。其特色和创新点在于：

（1）首次对东莞市进行了人居环境自然适宜性研究，对东莞市而言也是一次全新的探索与尝试，研究成果对东莞市人居环境适宜性、宜居社区（村）工作具有一定的实际意义，对国内其他地区的类似研究具有较高的理论参考价值。

（2）尝试使用千米（km）格网为评价单元，具有以行政区域为研究单元的传统评价方法不具备的优势；采用单因子的评价和多因子的综合评价相结合的评价方法完成了东莞市人居环境自然适宜性评价，从而为东莞市人居环境自然适宜性分析提供更全面、更科学的依据。

（3）将窗口分析法应用于地形起伏度的提取，将 K-最近邻算法应用于平均湿度缺失值的填补，将基于 NDVI、MNDWI、NDBaI 和坡度的改进决策树法应用于遥感数据的土地类型分类提取中，将 BP 神经网络算法应用于评价指标权重的计算中。上述方法的使用，使数据精度更高、更真实，研究成果更具参考价值。

（4）将 HEI 模型引入东莞市人居环境自然适宜性研究中，并利用该模型对东莞市人居环境自然适宜性进行了详细、全面的分析研究。

作者
2021 年 7 月

目录

01 第一章

绪 论

第一节 人居环境自然适宜性相关概念

一、人居环境的含义

1968 年，希腊学者道萨迪亚斯（C. A. Doxiadis）在《人类聚居学》（*EKistics: an introduction to the science of human settlements*）一书中首次提出了"人居环境"的概念。"settlement"一词一般译为"聚居地"或"村落"。清华大学吴良镛教授基于"人居环境科学体系"提出了符合中国国情的"人居环境"，他在《人居环境科学导论》中给出定义："人居环境，顾名思义，是人类聚居生活的地方，是与人类生存活动密切相关的地表空间，它是人类在大自然中赖以生存的基地，是人类利用自然、改造自然的主要场所。按照对人类生存活动的功能作用和影响程度的高低，在空间上，人居环境又可以再分为生态绿地系统与人工建筑系统。"（吴良镛，1998）人居环境的定义有广义和狭义之分，吴良镛给出的是狭义的人居环境。广义的人居环境是与人类发展相关的各种物质性和非物质性因素的总和，即它不仅指人类居住和活动的有形空间，还包括人口、资源、环境、社会政策和经济发展等多个方面，既是人类赖以生存的空间，又是人类与自然之间相互联系的纽带。但在不同学科中人居环境的定义亦有所不同：城市生态学中侧重于城市环境对人类生活的影响，认为人居环境是一个以人为主体的复合生态系统，它与其他环境是相互联系和相互作用的；形态学中则更关注人与自然的和谐统一，认为人居环境是生产与生活结合、物质享受与精神满足相统一的状态、自然与人文协调（李鑫，2009）；建筑学则更多侧重于人居环境的居住系统和支撑系统；社会学则更关注人类系统和社会系统；地理学则认为是以自然为主综合多系统的人居环境。

当今，人居环境已经发展成一个极其复杂、综合的有机系统，具有时代性与地域性，是人类与环境最直接、最密切、最具体的物质交换的地理空间，是基于人口、社会、环境与资源相互协调的问题，是衡量人类社会进步与文化发展的重要标识（张翠平等，2009）；人居环境存在的问题也是综合、复杂、具有时空特性的问题，这就要求我们用历史和发展的眼光去探求人居环境发展演进的时代脉搏和发展动向；用综合、有机、系统、弹性的方法来解决问题，才能够避免在解决问题的过程中，付出巨大的实践代价，甚至付出难以挽回的自然和资源的代价。对人居环境的研究也是一个海量、多层次、多学科交叉的综合系统工程，时代性和地域性对人居环境发展和探索具有十分重要的意义。只有注重人居环境发展的时空特性，才可以更准确、更优化地处理人居环境现存的问题，以及更加合理和有机地引导人居环境的健康发展。随着社会和技术的发展，人居环境的内涵也必将不断深化和拓展。

二、人居环境自然适宜性的含义

吴良镛教授参照道萨迪亚斯的人类聚居科学，将人居环境系统划分为5大系统：自然系统、人类系统、社会系统、居住系统和支撑系统（吴良镛，1998）。其中，包括自然环境和生态背景的自然系统，是人类生存和发展的基础，不仅直接关系到人类的生活质量和身心健康，还从根本上制约着区域人口的集聚且影响着人类社会进步和发展水平。人居环境的主体是"人"，核心是"环境"，人居环境的研究以满足"人类居住"需要为目的。人居环境自然适宜性主要从人居环境的自然因素去分析"环境"是否适宜"人类居住"。人居环境是一个复杂的系统，因此影响人居环境的自然因素也很多，特别是地形、气候、水文和植被这4个自然要素不但影响人类社会、经济的发展，而且还影响人类居住环境的质量、适宜规模与空间位置。《黄帝内经》认为，人居自然环境和人类的健康、寿命息息相关，在自然生态环境中，不同地区的气候差异、物产分布、地质地貌等因素，均能影响人的生活及健康状态。中国科学院的一项研究报告显示，人的健康长寿与该地区地理环境的关系更加直接。大量理论研究表明：区域内人生存的自然环境是决定人健康长寿的重要因素。有学者对一些长寿村的研究发现，其中长寿的一个重要方面就是拥有地理环境、地形地貌、气候、土壤、水、植被等适合人们健康长寿的自然人居环境。

1. 地形对人居环境的影响

地势起伏、地貌复杂，用地受到限制、建设成本高、路网密度差和生态环境较脆弱，既不利于人类生存和发展，同时也是导致地质灾害发生的主要因素。平坦的地势有利于交通和城市的建设，海拔低区域的气温、降雨量则适中，既利于经济发展也利于人类生活。

2. 气候对人居环境的影响

良好的气候为适宜的人居环境创造条件，气候宜人非常适合人类的生产、生活活动，但是，人类行为也可能会破坏良好的宜居气候，人口众多、产业布局密集，城市热岛效应破坏了良好的人居环境；土地的过度开发，夏秋多雨季节的城市容易造成内涝、山体滑坡等洪涝灾害；空气湿度大，导致食品保质期短、衣物不易干燥，居民可能会患风湿病；雾霾、沙尘暴、多云雾，导致能见度差，影响城市居民的交通出行。风速越大，污染物越容易扩散，空气污染程度越低，反之，空气中的水汽不易扩散和辐射，空气污染程度就越高，在夏秋季节常有闷热之感，对城市人居环境危害较大。

3. 水文对人居环境的影响

水资源丰富，有助于植物的生长，秀美山水组成了优美的自然景观，大大提高了人居环境质量，满足了居民亲水的心理需求，也创造了良好的生态效益、社会效益和经济效益。然而，众多的水流为优美的人居环境创造了良好的基础，同时，也容易受到人类活动的污染，其污染也更加严重，从而严重破坏人居环境。水流量充沛让居民平时的生产、生活用水充足，方便工作和生活；良好的水文条件，江河密布、港口航道发达，为居民的出行提供便利。

4. 植被对人居环境的影响

植被茂盛既可产生丰富的自然景观，也有利于当地的气候调节，进而完善城市产业，对产业布局产生影响，同时也要注意对森林植被和土壤的保护，防止滑坡、泥石流等突发性自然灾害以及土地荒漠化，维护良好的人居环境。

三、人居环境自然适宜性评价的含义

人居环境科学着重研究人与环境之间的相互关系，其目的是要了解、掌握人类聚居发生、发展的客观规律，从而更好地建设符合人类理想的聚居环境。人居环境的研究主要通过人居环境评价来体现，而人居环境评价又是人居环境研究从理论研究走向实践应用的转变。人居环境评价属于综合性的多学科交叉的范畴，它不仅包括人居环境自然适宜性评价，还包括社会、经济适宜性评价。人居环境自然适宜性表征自然环境要素及其要素组合对人类集中居住的适宜程度。人居环境自然适宜性评价主要从诸如地形、气候、水文、植被等自然要素去研究和分析该区域内的自然环境是否适宜人类居住。人居环境评价可通过问卷调查、评价指标体系的建立来刻画、描述、度量人居环境状况和发展趋势。其中，人居环境评价指标体系是描述和评价人居环境优劣的可量度参数的集合，是一种"尺度"和"标准"，是综合评价人居环境状况及发展趋势的基础，可为人居环境的建设与管理提供决策依据。当前，人居环境自然适宜性评价主要通过构建合理的评价指标体系，定量地去评价人居环境的自然适宜性。

第二节　国内外人居环境研究进展

一、国外人居环境研究进展

在国外，人居环境思想从诞生以来一直蕴含在城市规划学的内容里，直到 20 世纪 50 年代 C. A. Doxiadis 提出了"人居环境科学"的概念后，人居环境才日益被建筑、规划、地理、环境等众多学科的专家学者所关注。至此，人居环境也才真正进入系统性的研究。迄今为止，国外人居环境研究大致可以归纳为以下几个主要学派：城市规划学派、人居聚居学派、地理学派和生态学派等（祁新华等，2007）。

1. 城市规划学派

在国外，人居环境研究源于城市规划学，19 世纪末至 20 世纪初，以霍华德（E. Howard）、格迪斯（P.Geddes）、芒福德（L. Mumford）、沙里宁（Eliel Saarien）等为代表的城市规划先驱者开创了人居环境研究的先河（E. Howard et al.，1898；P. Geddes et al.，1915；L. Mumford et al.，1961；Eliel Saarien et al.，1986）。

1898 年，霍华德在《明天，通向真正改革的和平之路》（*Tomorrow：A Peaceful Path to Real Reform*）一文中提出了"田园城市"（Garden City）的理念，1902 年，再版了《明日的田园城市》（*Garden Cities of Tomorrow*）。霍华德认为，要建设理想的城市必须兼有城市和乡村两者的优点，并使城市生活与乡村生活像异性相吸一样相互吸引并共同结合，这个城乡结合体就是"田园城市"（E.Howard et al.，1902）。基于"田园城市"理论建立的城市构架，试图从"城市-乡村"这一关系来解决城市问题，把城市更新改造放在区域的基础上而有别于城市论的传统观念。霍华德分别于 1902 年和 1920 年参与了英国莱奇沃思（Letchworth）和韦林（Welwyn）这两个田园城市的建设试验。

格迪斯则从生物学研究转向从人类生态学研究现代城市成长和变化的动力、人与环境的关系、人类居住与地区的关系。他提倡的"区域观念"，强调把自然地区作为规划的基本框架，即分析区域环境的潜力、限度对人类居住地布局和形式与地方经济体的影响，注重城镇密集区，同时把城市和乡村都纳入规划的视野。格迪斯还提出了著名的"先诊断后治疗"的方法，并由此形成了影响现代城市规划流程的模式：调查—分析—规划（Survey—Analysis—Plan），即通过对城市现状的调查，分析城市未来发展的可能，预测城市中各类要素之间的相互关系，然后依据这些分析和预测，制定出科学的规划方案（P. Geddes et al., 1915）。

芒福德注重以人的基本需要（包括社会需要和精神需要）为中心，强调以人的尺度为基准来进行城市规划，把符合人的尺度的田园城市作为新发展的地区中心。芒福德提出了影响深远的"区域观"和"自然观"，认为区域是一个整体，而城市只是其中不可缺少的一部分，所以区域规划才是真正成功的城市规划（L. Mumford et al., 1961）。芒福德主张"三结合"：社会环境与自然环境的结合、各种类型城市的结合、城市与乡村的结合；另外，他还特别指出在区域内必须保持一个绿化环境，要坚决阻止城市无限制扩张而吞噬绿色植物、破坏区域生态环境，这与当今世界提出的保护环境和可持续发展不谋而合。

1943 年，沙里宁在《城市：它的发展、衰败与未来》一书中重点阐述了"有机疏散理论"的构成体系及原理。该理论认为应当把人类聚居过于密集的城市人口和工作岗位分散到远离城市中心的地区中去。这样，城市既能符合人类工作和交往的要求，又不脱离自然环境（Eliel Saarien et al., 1986）。他这种折中的思维方式体现了"以人为本"的基本原则，也是"田园城市"的继承和发展。

2. 人类聚居学派

以 C. A. Doxiadis 为代表的人类聚居学派起源于城市规划学派，并逐步形成独立的学科体系，在人居环境发展过程中发挥着不可替代的重要作用。Doxiadis 正式提出了"人类聚居学"的概念，与传统建筑学不同的是，它强调把包括乡村、城镇、城市等在内的所有人类居住区作为一个整体，对人类聚居的"五要素"（自然、人、社会、建筑和支撑系统）进行广义的系统性的研究（C. A. Doxiadis et al., 1968）。

1962 年，美国海洋生物学家蕾切尔·卡逊（Rachel Carson）《寂静的春天》（*Silent Spring*）一书的出版标志着人类首次关注人居环境问题，从 1969 年起，美国政府建立、制定并实施了一系列与人类聚居环境保护与开发有关的法规条例。这个时期内，城市规划和管理、居住区的基础设施建设以及城市环境的治理和保护等众多方面的人居环境建设也得到了很多国家的重视。1950 年和 1951 年，日本政府分别颁布了《国土综合开发法》和《森林法》，此后，又颁布了一系列法律法规，以法律的形式对人居环境进行保护；同时，为了增强公民的环保意识，日本在各类学校中开设了环境教育课程，在市民中开设了环境保护专题讲座；1962 年，法国也掀起声势浩大的绿色革命运动，并开始制定有关植被、森林以及城市绿色空间设计的规划；1965 年，在大巴黎地区总体规划中，创造性地提出了发展 12 个绿色休闲中心的设想；1970 年，德国已开始重视住宅质量和人类居住环境质量的提高。

总的来说，这一阶段自"人居环境"被正式提出以来，无论是其理论研究还是实践应用都取得了较大的成就。

3. 地理学派

地理学不仅对人类居住区和环境问题的研究都比较早，而且对区域的研究和分析也比较有优势。地理学从"人地关系"的角度去寻求人居环境问题的解决途径，最终得出人居环境问题就是人地关系矛盾的体现。西方经济地理学家从空间角度对居住区位的影响进行研究，如：德国经济地理学家杜能的农业区位论研究了居住空间结构形成的机制（J. H. Thunen et al.，1826）；德国经济地理学家瓦尔特·克里斯特勒从研究地图上的聚落分布开始，通过调查研究，对德国南部大量的实地调查基础上，提出"中心地理论"，目的是探索决定城市数量、规模以及分布的规律是否存在（W. Christaller et al.，1834）；城市地理学家强调人居环境研究技术的发展对城市空间形态以及对居住区位的影响（李雪铭等，2010）。此外，从许多地理学家对地理学的定义和描述也可看出人居环境是地理学的重要研究内容。如，福尔茨（Volz et al.，1939）对地理学的定义：地理学的目的及其无可取代的重要性，在于它教会我们认识我们居住的空间——地球表面（Alfred Hettner Alfred Hettner 1859—1941）。米丘特（Micute et al.，1939）对地理学的定义：地理学本来的目的应当在于"划定"和"描述"以某种聚落形式、以某种房屋形式等为特点的各种"地球空间"。哈格特（Haggett et al.，1981）对地理学的定义：地理学是研究作为人口居住的地球表面空间的科学。哈格特（Haggett et al.，1990）认为，地理学考虑 3 种分析因素：
"空间（区位）的：数量、特征、活动及分布；生态的：人与自然环境之间
的关系；区域的：上述两者在区域上的分异作用。"（顾朝林，2009）

　　地理学主要包括 4 个学派：行为学派、环境生态学派、区域学派和区
位空间学派。行为学派使用问卷统计方法将人的心理和行为融入地理学研
究，将个人的行为以及生活质量问题也纳入人居环境的研究范畴，即从行
为地理学的角度去开展人居环境心理方面的研究，同时也包括基于居民活
动行为的城市空间研究，注重研究现实行为与现实空间、理想行为与理想
空间之间的和谐（Franz Oswald et al.，2003；Nijman J. et al.，1999）。环境
生态学派则认为，实现人居环境的可持续发展是城市化进程的目标，城市
化既是生活方式的转变过程，也是人居环境建设和发展的过程。区域学派
认为，居住空间的分布和差异以及扩散在一定程度上是人居环境问题的体
现，对人类居住空间分布的合理分配，能极大地促进人居环境的建设和可
持续发展。区位空间学派认为，人类居住区域的选择是一个典型的区位问
题，对居住区位的研究能够反映出城市人居环境的总体布局及自然、社会
和经济等因素的优劣。

　　当前，在借鉴"田园城市"和"生态城市"等思想的基础上，按照可
持续发展的理念，提出了"人居环境的可持续发展"的城市发展理论和建
设"宜居城市"的生态建设目标。

4. 生态学派

　　生态学是研究生物体与其周围环境（包括非生物环境和生物环境）相
互关系的科学。生态学派以人类生态学为理论基础，重点研究人类居住空
间分布结构。生态学研究目前主要涉及区域、城市范围内自然要素的全面
研究，但更倾向面状的土地或景观方面的研究（林文棋等，2001）。在现有
的人居环境的生态学理论研究中，有 3 种比较典型的方法，即欧德姆兄弟
（E. P. Odum 和 H. T. Odum）和 W. E. Odum 的生态系统利用分类（E.P.Odum，
1953）、道萨迪亚斯的人居环境分类（C. A. Doxiadis et al.，1977）以及德国
的景观利用规划分类方案。无论采取何种方法，其目的都是利用生态学原

理去认识和分析自然要素的类型及其发展规律，探寻符合自然规律的人居环境组织方式（H. Hoyt et al.，1939）。1973 年，在德国法兰克福召开的城市专家小组会上，专家们提出要从整体角度出发系统地去研究城市系统，这是世界上首次利用城市生态学研究人居环境的学术活动。芝加哥人类生态学派（Chicago School of Human Ecology）的创始人帕克（R. E. ParK）等借助生态学原理从社会学的角度研究城市空间结构（魏江苑，2003），创造性地分析了人类居住区在城市中的分布规律，并创建了著名的 3 大"经典城市空间结构模式"，包括伯吉斯（E. W. Burgess et al.，1925）的同心圆模式、霍伊特（H. Hoyt et al.，1936）的扇形模式以及哈里斯（C. D. Harris et al.，1943）和乌尔曼（E. L. Ullman et al.，1945）的多核心模式。生态学派对城市人居环境的居住空间格局做了重点描述，揭示了现代城市人类居住区空间演进的一般规律，并系统地以因子生态分析法取代了以往的社会区域分析法（R. E. Park，et al.，1987）。

生态学家还提出了理想的人居模式——生态城市。生态城市代表了人类居住区的发展方向。1984 年，雷吉斯特（Richard Register）提出了初步的生态城市原则；1987 年，生态学家杨提斯基（O.YanistKy）首次阐述了"生态城市"的概念，他认为生态城市就是按照生态学原理建立起来的能与人类社会、经济、自然协调发展，使物质、能量、信息高效利用，实现生态良性循环的人类聚居地，即协调、高效、和谐的人类居住环境（O.Yanistky et al.，1987）。1987 年，雷吉斯特在 *Ecocity BerKeley—Building Cities for a Healthy Future* 中认为生态城市即是生态健全的城市，是紧凑、节能、与自然和谐发展、充满活动和活力的人类聚居地，其中自然、技术、人文充分融合，物质、能量、信息高效利用，人类的创造力和生产力得到最大限度的发挥，居民的身心健康和环境质量得到充分保护（R.Register et al.，1987）。

迄今为止，国外人居环境专家学者对人居环境的研究颇有成效，除了上述几个学派外，还有其他人居环境学派，如以新古典经济学理论为基础的新古典学派，解释人类居住空间分布结构的形成过程，重点研究居民住房选择及其决策行为与经济学之间的关系；以区位政治学和社会学为理论基础，注重居住空间分布结构形成的社会、政府影响因素；研究居住分异、

住房供给与分配的制度因素的制度学派、马克思主义学派等（邹卓君，
2003）。

二、国内人居环境研究进展

我国关于人居环境的研究起步较晚，而且主要关注于人居环境的评价
和分析。吴良镛是国内最早进行人居环境理论研究和实证应用的学者，20
世纪 90 年代，关于人居环境，他提出了"五大系统"（人、自然、居住、
社会和其他支撑系统），"五大层次"（建筑、社区、城市、区域、全球）和
"五大原则"（生态观念、经济观念、科技观念、社会观念和文化观念），成
为国内人居环境科学建设和发展的主流导向，至此人居环境的研究才算真
正被完整地引入我国。21 世纪，人居环境的理论研究和实践应用成果也逐
渐增多并迅速发展。

1. 人居环境评价指标体系的理论研究

宁越敏等（1990）从理论上探讨了人居环境的内涵、评价方法，建立
了人居环境评价指标体系，并以上海市为例，分析了人居环境的变化机制；
李雪铭等（2002）综合考虑了城市人居环境可持续发展的内容和内涵，建
立了城市人居环境可持续发展评价指标体系；叶长盛等（2003）从居住条
件、城市生态环境、公共服务基础设施和可持续性面构建了广州市人居环
境可持续发展的评价指标体系；周志田等（2004）从城市经济发展水平和
潜力、安保条件、生态环境水平、居民生活质量和水平以及生活便捷程度
多方面构建了中国适宜人居城市评价指标体系；张文忠（2004）从居住舒
适性、生活方便、出行便利、安全和健康等 5 个方面，构建了宜居城市的
评价指标体系；中国城市科学研究会（2007）主持的"宜居城市科学评价
指标体系研究"等为我国城市人居环境的"宜居性"评价提供了科学评价
的依据；等等。另外，还有众多学者对人居环境评价指标体系的构建进行
了大量的研究和实证。干立超等（2016）运用"借鉴和专家咨询"的方法
初步建立指标体系，再通过城市基础数据进行相关性分析遴选指标，建立

具有城市人居环境评价指标体系；李蕊等（2017）由 1 个一级、8 个二级、72 个三级指标构成中小城市人居环境评价指标体系；王祺斌等（2020）建立了以村庄为空间单元的包括产业兴旺、生态宜居、乡风文明、治理有效、生活富裕 5 个一级指标和 31 个二级指标构成的农村人居环境客观评价指标体系。

2. 国家和省级人居环境的研究与实证

封志明等（2008）以公里格网为基本单元，选取地形、气候、水文、植被等自然因子，构建了基于人居环境指数（HEI）的中国人居环境自然适宜性评价模型，并运用 GIS 技术定量对中国 6 个分区的人居环境自然适宜性进行评价，揭示了中国人居环境的不同区域的自然格局与区域特征；郝慧梅等（2009）以 100m×100m 栅格为基本单元，运用 GIS 技术和多因子综合分析方法，定量揭示了陕西省人居环境自然适宜性空间格局和区域特征；胡志丁等（2009）采用地形起伏度、气候适宜度、水文指数、植被指数 4 类指标加权求和的方法评价了云南省不同区域人居环境自然适宜性；尹晓科等（2010）运用遥感和 GIS 技术，构建了人居环境指数模型，综合评价了湖南省人居环境适宜性；何静（2011）定量分析了重庆市人居环境自然适宜性的空间格局；杨艳昭等（2012）定量揭示了内蒙古人居环境的地域类型与空间格局，并分析了内蒙古人居环境自然适宜性与限制性；朱邦耀（2013）采用 GIS 综合评价了吉林省人居环境自然适宜性；邓神宝等（2014）基于 GIS 平台，选取地形、地被、气候、水文等自然因子构建模型并计算了广东省不同地区的人居环境指数；李捷（2015）运用 GIS 技术定量评价了湖北省不同地区人居环境的自然适宜性；沈非等（2018）运用 GIS 技术，选取气候、地形、水文、地被、自然灾害等因子构建了安徽省人居环境自然适宜性评价模型；王雪晴等（2019）运用 GIS 空间分析法并重构了人居环境指数模型，完成了辽宁省人居环境自然适宜性分析；游珍等（2020）基于栅格尺度综合评价了西藏自治区人居环境自然适宜性。

3. 大城市人居环境的研究与实证

当前，大城市的人居环境评价研究比较多。宁越敏等（1999）以上海市为例，探讨了人居环境的变化与经济发展的关系；李乃炜等（1999）研究了南京市的可持续发展方向；李王鸣等（1999）通过问卷调查对杭州城市人居环境做了评价；叶长盛等（2003）对广州的人居环境进行了分析；张仁开（2004）采用问卷调查法对长沙市城市人居自然环境现状进行了综合评价，并提出了长沙市人居自然环境的优化对策和建议；李雪铭等（2005）对海滨城市大连进行了评价；张文忠等（2006）从宜居城市的理论、方法入手，在对居民居住环境满意度问卷调查基础上，对北京市人居环境进行了单项和综合评价；贺瑶等（2007）运用加权求和法对武汉市人居环境进行了综合分析与评价；陆雁（2008）采用层次分析法与主成分分析法，从社会、生态、居住、支撑系统 4 个方面对福州人居环境进行深层次研究分析；王坤鹏（2010）从自然、人文、经济 3 个层面对我国 4 个直辖市的城市人居环境宜居度进行了对比与分析；付博（2011）以 GIS 与遥感作为技术手段进行长春市宜居性评价；刘海琴等（2012）对昆明市人居环境宜居性进行了评价。

4. 中等城市人居环境的实证研究

近年来，一些专家学者对地市级中等城市的人居环境问题进行了研究。胡武贤等（2004）构建了中等城市人居环境可持续发展评价指标体系，以湖南省常德市为例，分析了人居环境可持续发展与经济发展之间的关系；郭海燕等（2005）以山东省泰安市为例，综合考虑人居环境舒适度的内容和内涵，构建了中等城市人居环境舒适度评价体系；王成超等（2005）采用相对比较法，建立了中等城市人居环境评价指标体系，并对苏州市人居环境进行了详细的分析与评价；朱丽等（2008）应用主成分分析法首先对甘肃省 12 个中心城市的人居环境进行了分析与评价；奚秀梅等（2010）选择环境舒适度、生活便捷度、居住健康度为主指标，采用遥感与 GIS 技术的空间分析方法，进行了石河子市居住区宜居性评价；娄胜霞（2011）以 1 km×1 km 格网为基本评价单元，基于 GIS 技术，构建了包括地形起伏度、温湿指数、水文指数和植被指数的人居环境自然适宜性评价模型，并对遵义市不同地区的人居环境自然适宜性与限制性进行了评价和分析；阿依努尔·买买提等（2012）评价和分析了南疆地区人居环境适宜性的空间分布特征。

5. 县区乡镇人居环境的实证研究

近年来，随着我国城市化进程推进，乡镇的人居环境建设尽管有了较大的改善，但还存在着一系列亟待解决的问题，所以一些政府单位也重视和支持开展乡镇人居环境的应用及研究，努力改善乡镇人居环境建设质量，实现乡镇的人类、社会、经济、环境的全面、协调、可持续发展。乡镇人居环境既有人居环境系统的共性，也有别于城市、区域等其他层次人居环境的特性。

宁越敏等（2002）以上海市郊区的练塘镇、小昆山镇和朱家角镇 3 个小城镇为例，采用问卷调查的方法对小城镇人居环境进行案例研究；程立诺等（2007）构建了由居住环境、社会公共服务设施、基础设施、医疗保障及交通治安 5 个分项、18 个单项评价因子组成的评价指标体系；程立诺等（2008）运用数理统计原理，讨论了小城镇人居环境质量评价模型与指标计算方法；匡耀求等（2008）修正了人居环境指数模型，建立了基于 GIS 的广东省人居环境指数模型，对广东省县域人居环境适宜性进行了综合评价；刘学等（2008）以江苏省镇江市的典型村庄为例，分别构建了包括乡村人居环境建设水平评价体系和村民满意度评价体系的乡村人居环境评价模型；苏华等采（2010）用 250 m 格网计算了广州萝岗区的人居环境指数（HEI），并对萝岗区的空间格局及空间异质性进行比较和分析；王莹（2011）对河南省方城县城关镇人居环境进行了研究；毕启东等（2012）对新疆皮山县进行了人居环境适宜性评价；欧俊（2017）对贵州省镇远县人居自然环境的适宜性与限制性进行了评价。

近年来，随着我国新农村建设的不断发展，人们越来越重视乡村人居环境建设，着力打造宜居环境，研究乡村人居环境，尤其是乡镇空间布局对于推动新农村建设具有重要意义。杨兴柱（2013）、王靖森（2014）、朱彬（2015）、陈晓华（2017）、游细斌（2017）等分别对乡村人居环境质量评价、空间格局以及影响进行了分析并提出了相应的改善对策；钟小强、武玲玲、唐宁（2018），李慧民、杨欣、王昊、唐倩、蒋旭、荣丽华（2019），杜岩、张慧慧、都一（2021）等学者对乡村（社区）人居环境适宜性评价、空间分异及其影响因素进行了分析，并提出了相关的优化策略。

6. 区域人居环境实证研究

在人居环境的评价和研究中，因区域环境的特征差异较大，很难按统一的指标体系对不同区域的人居环境进行评价。因而，人居环境的区域研究有利于揭示和分析人居环境各因子之间的结构功能、相互作用的机理，提出不同类型区域的人居环境建设的优化模型。霍震等（2010）运用 GIS 技术对滇池流域人居环境适宜性进行系统评价；刘立涛等（2012）选取澜沧江流域 56 个县（区、市），借助因子分析法和 ArcGIS 空间分析，对 2000—2009 年澜沧江流域人居环境时空演进展开实证分析；牛乐德等（2012）基于 GIS 技术，应用地形起伏度、气候适宜度、水文指数、土地利用/土地覆盖指数对红河州 13 个县市的县域人居环境自然适宜性进行了评价和分区；罗洁琼（2013）对三峡库区的奉节县和巫山县 1997 年、2005 年和 2009 年人居环境自然适宜性进行定量动态评价分析；陈熠对长江三角洲地区 1990 年、2000 年、2010 年人居环境自然适宜性进行整体和分区评价；李威等（2018）采用 GIS 与 RS 技术，探讨黔中地区人居环境自然适宜性特征及其空间差异；许长军等（2020）运用 ArcGIS 和 SPSS 软件，并结合聚类和异常值分析方法评价了青藏高原人居环境自然适宜性。

7. 多种评价方法的探索与应用

人居环境评价方法主要包括人居环境评价指标体系的构建方法和数学评价方法。其中，人居环境评价指标体系的构建方法主要有频度统计法、理论分析法、专家咨询法；数学评价方法主要有模糊综合评判法、线性权重法、简单数据分析法、GIS 分析法和 BP 神经网络模型法（周维等，2013）。

李雪铭等（2002）采用发放调查表与 Fuzzy 方法相结合，通过评价主体（居民）对城市人居环境单项指标影响的重要程度和满意程度的得分进行了赋值，对大连市人居环境可持续发展进行了评价研究；李雪铭等（2003）从气候角度出发，对全国各主要城市的宜居性进行评价；刘钦普等（2004）

采用主成分分析和聚类分析法，对江苏省 13 个省辖城市人居环境质量进行了评价；张智等（2006）在构建城市人居环境评价指标体系的基础上，利用统计分析法（Delphi）确定各指标的权值，评价了重庆市渝北城区人居环境；孙志芬等（2007）通过问卷调查分析了呼和浩特市人居环境的实际情况，构建了城市人居环境评价指标体系，并采用 AHP 法与 Delphi 法的评价方法，对呼和浩特市人居环境综合质量进行评价分析；韩曦等（2009）综合运用 AHP 法和熵权法确定指标权重对重庆市万州区进行了移民型城市生态人居环境评价和优化研究；王维国等（2011）综合运用典型相关分析和因子分析法对国内 37 个代表性城市的人居环境状况进行综合评价及比较研究。

GIS、遥感（RS）、机器学习算法在人居环境评价中的应用越来越广，在前面提到的研究内容中有众多学者基于 RS 及 GIS 技术对人居环境进行了评价和分析。李明等（2007）应用遗传算法改进的 BP 神经网络对我国主要城市人居环境质量进行了评价；自刘春涛、封志明（2009）的研究开始，至 2020 年共有 28 篇文献借助 GIS 和 RS 技术对人居环境自然适宜性展开研究。自 2011 年 Salmon B.P. 采用前馈神经网络算法对人居环境进行研究开始，有 32 篇文献采用了机器学习（深度学习）对人居环境进行了研究，李雪铭（2007）、谭清文（2013）、周川（2019）等利用神经网络算法对城市人居环境质量进行了评价。

8. 基于自然单要素的评价的实证研究

国内学者选择地形、气候、水文、植被等自然要素中的一个要素进行适宜性评价，具体的研究现状将在后续章节中分析。

综上所述，随着人居环境学科和相关技术的发展，人居环境的研究在技术、主题和对象方面迅速发展，大、中、小城市都有学者参与研究与实证，目前正逐渐向微观人居环境深入，如乡村、居住小区、社区、欠发达地区、城市边缘地带、绿洲、山地、水域、平原区人居环境等人居环境也在陆续展开研究和实证。

总体而言，其研究内容涉及农村人居环境的演化机理、聚居模式、质量评价、空间分异及差异化对策等方面，形成了一系列科学、实用的定性与定量研究方法。尽管硕果累累，但人类生存和发展的空间有着较大的区域性差别，不同的区域、人口和环境情况有着很大的不同。人居环境的自然因子都体现出较强的地域性差异。无法采用一致的指标体系对不同对象的人居环境自然适宜性进行评价和研究，可以利用地理学自身区域研究的特长进一步开展人居环境的区域综合及区域辨识研究。人居环境的区域综合研究有利于洞悉人居环境各因子之间的结构功能、相互作用机理，预测其发展趋势，以区域为尺度建立相关的评价指标体系可以对区域内的人居环境进行横向评价，从而促进区域人居环境的建设；区域辨识研究可以根据不同类型区域的人居环境提出建设性的优化模型、拟定调控与管理对策。在评价适用性和结果可比性方面，国外的评价指标相对宏观，评价体系具有更广泛的应用范围，从而使评价结果具有较大程度的横向可比性，亦使评价结果具有较大的主观性；我国的评价指标往往根据特定的单一评价对象量身定做，从而使评价的结果具备客观性的同时却丧失了横向可比性。在评价思想方面，不能适应我国建立资源节约型社会与"和谐社会"的需要，未能将"人地和谐"和"环境友好"作为根本指导思想。人居环境的研究是一个复杂的巨系统，涉及大量数据、图形的分析及处理，在过去的研究中也没有引起足够的重视。

第三节　研究背景和意义

一、研究背景

人居环境涵盖所有的人类聚居形式，是与人类工作劳动、生活居住、休息游乐和社会交往密切相关的空间，它既是人类赖以生存的必要条件，又是人类利用和改造自然的主要场所。一方面，随着社会和经济的快速发展、工业化和城市化水平的迅速提高、城市建设规模的不断扩张、人口的持续增长，人与资源、环境的矛盾日益突出，人居高度适宜性的空间越来越少，对社会经济的可持续发展战略是一个严峻的挑战。另一方面，随着人们生活水平的提高，人们对居住环境也提出更高的要求，党和政府非常重视对人居环境的建设和治理。"我希望北京乃至全中国都能够蓝天常在，青山常在，绿水常在，让孩子们都生活在良好的生态环境之中，这也是中国梦中很重要的内容。"2014年11月10日，国家主席习近平在亚洲太平洋经济合作组织欢迎宴会上致辞时深情地说。党的十八大报告提出了"全面建成小康社会"的目标、"生活空间宜居适度、生态空间山清水秀"的新要求和建设"美丽中国"的全新理念。2015年4月，中共中央、国务院印发《关于加快推进生态文明建设的意见》，明确了生态文明建设的总体要求、目标愿景、重点任务、制度体系。党的十九大提出，建设生态文明是中华民族永续发展的千年大计，把坚持人与自然和谐共生作为新时代坚持和发展中国特色社会主义基本方略的重要内容，把建设美丽中国作为全面建设社会主义现代化强国的重大目标，把生态文明建设和生态环境保护提升到前所未有的战略高度，集中体现了习近平生态文明思想。这说明人居环境问题得到了我们党和政府的高度重视，改善人居环境是我国社会经济可持续发展和全面建成小康社会合理规划的需要。

一方面随着经济增长、城市建设的迅速发展和人口规模的扩大，东莞出现了资源短缺、生态恶化等问题。另一方面，随着物质文明的提高，生活质量、居住和空间环境、人文社会环境、生态环境已成为人们的迫切需求。"安居才能乐业"，没有良好的居住环境，人民不可能安居乐业，没有安居必然产生社会问题，社会主义和谐社会也不可能建成，小康社会也不可能建成。为此，东莞市委市政府把改善人居环境工作、建设全国先进宜居城市的工作纳入城市建设及管理工作中，将建设全国先进宜居城市工作列入政府工作的重要议程和城市发展的目标，积极规划宜居城市建设的各项工作。2010年7月8日，东莞市政府发布《〈东莞市宜居城乡建设工作实施方案〉的通知》（东府办〔2010〕94号）明确提出，到2020年把东莞市建设成为生产发展、生活富裕、生态良好、文化繁荣、社会和谐、人民群众具有幸福感的宜居城市。在2011年的东莞市财政预算中，安排23.4亿元建设生态宜居城乡。在《政府工作报告》中指出，将深化打造生态宜居城市作为2011年东莞市政府"十件实事"之一。在2010年全省地级市创建宜居城乡工作进行绩效考核中，东莞市创建实绩、组织保障、专家满意度三项指标总分名列全省第一。2011 年东莞市投入 1.6 亿元，打造 80 个宜居社区（村）。2011 年 10 月 9 日，东莞市政府颁发了《关于进一步加强环境保护推进宜居生态城市建设的实施意见》（东府〔2011〕88 号）。2013 年 8 月，东莞市委市政府印发了《东莞市创建国家生态市实施方案》。实施方案提出：至 2016 年，东莞基本达到国家生态市建设指标，创建成为广东省生态市；至 2017 年，全面达到国家生态市建设指标要求，向环境保护部申报验收。2017 年，东莞综合排名第 38 位，健康等级为"健康"，在健康宜居型城市子榜单中，东莞位居第 28 位；至 2020 年，全面建立起良性循环的生态安全格局，建立人与自然和谐的生态人居体系，培育具有东莞特色的生态文化体系，为创建生态文明示范市奠定基础。上述工作表明，东莞市在加快转变经济发展方式的同时，也正由"制造业名城"向"宜居城市、生态绿城"华丽转身。2020 年 12 月，东莞市委市政府表示，要把东莞建设成为国际一流湾区和世界级城市群中的宜居宜业宜游的高品质现代化都市。

由地形地貌特征、水热气候条件和水文状况，以及综合反映区域自然条件的土地利用/土地覆盖特征等自然因子构成的人居环境，不仅直接影响人类生产和生活的基本要素，而且也与人类居住环境息息相关；不仅深刻影响人类居住环境的质量，而且也影响人类居住环境的适宜性。人居环境的自然适宜性不仅直接关系到人的身心健康和生活质量，而且影响人类社会进步与人类发展水平。对一个城市人居环境自然适宜性的优劣程度进行预测分析，在肯定成功部分的同时对缺乏或不足部分提出补充、完善的措施、方案，指导房地产开发项目建设，以改善人居环境、提高居住适宜性，营造良好的人居环境。

二、研究意义

随着社会经济的快速发展，人居环境面临着严峻挑战，人居环境问题也越来越受到人类的重视，人居环境的保护和建设是人类发展永恒的主题。

人居环境中的自然要素以及生态环境，既直接影响人类的身心健康和生活质量，更直接关系到人类的发展和社会的进步。对人居环境自然环境方面的研究也越来越多，人居环境适应性评价及其优化的研究也已成为人居环境科学在人居环境保护与建设领域的热点问题。一方面，人居环境自然适宜性评价研究人居环境自然基础的现实状况，既可以揭示人类分布与自然环境的匹配程度，也可以让政府部门较客观地了解人居环境的质量、发展方向和发展格局，为制定合理科学的长远发展规划和人居环境优化措施提供参考依据，同时也能协调人口、资源和环境的和谐发展；另一方面，科学分析人居环境自然适宜性的空间格局和演变规律，对区域主体功能区的科学划分以及人口空间分布的合理引导、提高城乡建设管理的效率以及实现区域可持续发展都具有重要意义。

当前，基于 RS 和 GIS 技术的人居环境自然适宜性评价的研究还比较多，但大多数是基于诸如 ArcGIS 等专业 GIS 软件来进行分析的，这就要求用户具备一定的 GIS 专业知识。随着 GIS 应用的普及，社会公众也想了解本地区的人居环境自然适宜性评价，并通过结果来选择工作和置业，所以开发出一套无须 GIS 专业知识的人居环境自然适宜性评价系统，以满足普通大众的需求有实际意义。为了更趋科学合理地对东莞市人居环境自然适宜性评价，本研究引入 HEI 模型，采用 4 个单要素研究和综合 4 个要素研究的方法，运用地图代数运算进行空间叠置等方法，分析居住环境评价的空间差异、空间结构及其变化。应用 GIS、RS、神经网络等技术和算法，实现评价结果的可视化分析，最终可以在研究区不同区域分析得出不同的宜居等级，神经网络能很好地模拟各指标与人居环境质量之间的非线性关系，且各指标权重由网络自学习得到，使评价结果更加客观，能很好地反应地区人居环境自然适宜性的不同水平，力求提升研究区居住适宜性评价方法的性能。

因此，本研究具有以下意义：

第一，东莞市社会和经济发展迅速、城市扩张步伐较快、人口流动较大，如何有序地开发东莞的人居资源，合理引导人口集聚以及功能区的划分，成为当前东莞可持续发展的主要研究热点问题，本研究对东莞市"宜居生态绿城""和谐幸福家园""创建国家生态市"和"建设美丽宜居城市"的目标具有一定的参考价值。

第二，当前人居环境自然适宜性评价基于地理学角度，从空间规律性角度和人与环境的关系出发，以 3S 技术为依托的研究还处在发展阶段。本研究所研究的人居环境自然适宜性，是将地形起伏度 RDLS、温湿指数 THI、水文指数 WRI、植被指数 LCI 等作为评价因子，以 1 km×1 km 栅格为基本单元，运用 RS 和 GIS 技术，结合 BP 神经网络算法，建立适合东莞市实际的人居环境指数 HEI 模型，选择 1 km×1 km 网格作为基本评价单元，同时结合镇街单元进行评价东莞市各镇街的人居环境的自然适宜性，以期定量揭示东莞市人居环境的自然适宜性及其空间格局，可以很好地反映区域人居环境自然适宜性的空间特征，对于区域发展与规划具有实用价值。

第三，目前，对东莞市的人居环境自然适宜性评价还鲜见。BP 神经网络算法能很好地模拟各指标与人居环境质量之间的非线性关系，且各指标权重由网络自学习得到，使评价结果更加客观，能很好地反映东莞市人居环境自然适宜性不同等级，力求提升东莞市人居环境适宜性评价方法的准确性。

总之，研究成果有助于了解全市自然宜居状况，对于界定东莞主体功能区、引导人口合理分布与流动，促进人口与资源环境协调发展具有重要意义，而且对全市生态城的规划和建设也具有重要的参考价值，也是城市土地合理布局和优化配置城市各种资源的主要依据，是实现城市可持续、健康、稳定发展和提高城市人居环境质量的重要保证，对类似研究具有较高的参考价值。

第四节　研究内容、方法、技术路线及结构

一、研究内容

（1）数据的获取和处理。研究所需的数据主要包括两类：一是自然基础数据，包括东莞市的地形地貌、气候、水文和土地利用现状数据；二是

人口密度和行政区划的空间数据。其中 2014—2020 年某个时间覆盖东莞市的 Landsat 8 遥感影像来自中国科学院遥感与数字地球研究所的对地观测数据共享计划服务网：http://ids.ceode.ac.cn/，1∶25 万 DEM 数据、水域及行政区划等相关数据文件分别来自广东省测绘局、东莞市税水务局、东莞市测绘局；东莞市 32 个镇街的自动气象台站 2014—2020 年逐月温度、降水、相对湿度、地面以上 10 m 高度处的平均风速、日照时数等数据来自东莞市气象局；2014—2020 年人口数据来自东莞市年鉴。

（2）通过对研究区地形地貌、气候、水文、植被指数和人口分布的研究，分别找出研究区的上述单指数与人居环境适宜性的关系，基于 ArcGIS 输出单因子评价结果图像和综合评价结果图像，并分析其结果和预测发展趋势。

（3）人居环境自然适宜性综合评价。通过综合地形起伏度、气候指数、水文指数和植被指数 4 个因子和人口分布的特征，采用 BP 神经网络找出 HEI 模型中的 4 项指数的各自权重。对东莞市进行分区域评价，将东莞市 32 个镇街人居环境自然适宜性分为 6 个等级：高度适宜区、一等比较适宜区、二等比较适宜区、一等一般适宜区、二等一般适宜区和临界适宜区。

（4）对东莞市人居环境适宜性和限制性进行分析，并提出人居环境建设和发展的优化建议。

二、研究方法

以 1 km×1 km 栅格为基本单元，选取地形地貌、气候、水文、植被等自然因子的 RS 数据或属性数据以及东莞市行政区划的数据，将上述遥感数据分别经过栅格化、投影变换、影像解译等处理过程，得到数学基础一致的 1 km×1 km 栅格要素图层；以此为基础，从地形起伏度、水文、气候和植被 4 个方面定量测评东莞市人居环境的自然适宜性的空间格局；然后依据各分量与人口分布的相关程度，采用 BP 神经网络求出各因子的权重，构建人居环境指数 HEI 模型，综合评价东莞市人居环境自然适宜性，揭示东莞市人居环境的自然格局与地域特征；在大量文献、资料的基础上进行比较，以此作为研究东莞市人居环境建设、发展策略的理论及现实参考依据。

三、技术路线

本研究的技术路线图如图 1.1 所示。

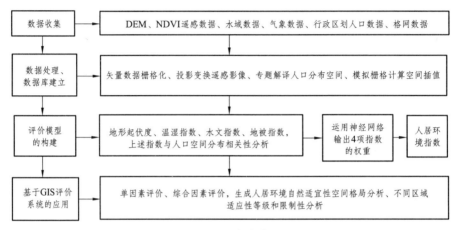

图 1.1　技术路线图

（1）数据的收集与准备，包括：地貌特征、气候、水文和地被覆盖率等 RS 数据或专题图数据。

（2）数据的处理。将上述所有要素的数据，经过配准和投影变换、空间插值及栅格化等处理过程，得到空间参考系统一致的 1 km×1 km 的栅格要素图层。

（3）评价指标的选择。选取地貌特征、气候、水文和地被覆盖率作为评价指标。

（4）评价模型的构建。运用 GIS 和 RS 技术，采用窗口分析等方法，提取基于 1 km×1 km 栅格尺度的研究区地形起伏度，并从比例结构、空间分布和高度特征 3 个方面系统分析了研究区地形起伏度分布性的分布规律；采用因子分析、聚类分析及回归分析等方法，研究了研究区气候指数、水文指数和植被指数的分布规律；整合研究区地形起伏度、气候指数、水文指数和植被指数及人口分布情况，先采用单要素评价研究区人居环境的自然适宜性与限制性的空间格局，然后依据各分量与人口分布的相关程度赋权叠加构建人居环境指数、综合表达区域人口发展的自然本底与环境基础构建基于自然宜居指数的研究区自然宜居适宜性评价模型，并构建研究区人居环境适宜性评价数据库。

（5）评价标准的确定。因每个因素之间存在相关性，本研究采用神经网络算法对人居环境自然适应性进行评价，进行空间格局及空间异质性的比较和分析，按网格单元和行政区划单元将研究区分成，可以将不同区域划分为人居环境不适宜地区、临界适宜地区、一般适宜地区、比较适宜地区和高度适宜地区等 5 种不同类型区，确定研究区的总体自然人居环境状况的良好程度和某些较好的人居环境区域。

四、研究结构

本书各章节设计如下：

第一章"绪论"，阐述人居环境自然适宜性的含义及其国内外研究现状，本研究的研究背景和意义，研究内容、方法和技术路线，主要创新点和结构。

第二章"研究区概况和数据来源"。根据研究需要，对东莞市地理位置、范围、面积、水文、气候、人口等概况等进行了调研和分析。

第三章"人居环境自然适宜性评价指标体系的构建"，主要阐述了指标体系构建的原则，指标体系的构成，因子信息提取方法。

第四章"东莞市地形适宜性研究"，对地形起伏度的概念、研究内容及现状进行了阐述，重点基于窗口分析法提取了东莞市的地形起伏度，对东莞市地形起伏度与人居环境自然适宜性进行了相关性分析。

第五章"东莞市气候适宜性研究"，对东莞市气候温度、降水、湿度、日照和风速进行了分析，提出气候适宜性评价指标和划分标准，针对东莞市气象数据的缺失情况采用了 K-最近邻算法进行了插补操作，计算温湿指数，并对东莞市气候适宜性的时间和空间分布特征进行了分析。

第六章"东莞市水文适宜性研究"，对东莞市水文概况进行了调研分析，基于 DEM 和 Arc Hydro 模型的水文数据的提取，对降水量数据的处理、水文指数的概念及其评价标准，对东莞市水文适宜性进行了相关分析。

第七章"东莞市植被适宜性研究"。对东莞市植被概况进行了调研分析，MNDWI 和 NDVI 的计算，重点研究了基于 NDVI、MNDWI、NDBaI 和坡度的改进决策树法对东莞遥感数据的土地分类数据的提取，并对东莞市植被适宜性进行了相关分析。

第八章"东莞市人居环境自然适宜性综合评价"。综合上述 4 个评价因子确定对东莞市人居环境自然适宜性进行研究的模型，采用 BP 神经网络算法确定因子的权重，按照网格单元和行政区划分别对东莞市自然适宜性进行综合评价。

第九章"东莞市人居环境自然适宜性的限制性分析和优化措施"。在上述评价结果的基础上对东莞市人居环境适宜性的限制性进行了分析，并对东莞市人居环境适宜性提出了优化建议。

第十章"结论与展望"，对主要研究工作取得的成果和研究的创新点进行分析和总结，对研究中存在的问题和不足之处提出了改进建议，并提出后续研究的方向。

第二章
研究区概况和数据来源

第一节　研究区自然环境概况

一、位置、范围、面积概况

东莞市位于广东省中南部，珠江口东岸，东江下游的珠江三角洲。地处东经 113°31′～114°15′，北纬 22°39′～23°09′。东与惠州市接壤，北与广州市、惠州市隔江为邻，西与广州市隔狮子洋相望，南与深圳市相连，毗邻港澳，处于广州至深圳经济走廊中间。西北距广州 59 km，东南距深圳 99 km，距香港 140 km。东西长约 70.45 km，南北宽约 46.8 km，全市陆地面积 2465 km²，海域面积 150 km²。

按照东莞市民政局的划分，全市辖 4 个街道（莞城、南城、万江、东城），28 个镇（厚街、石龙、长安、石排、企石、横沥、望牛墩、谢岗、石碣、常平、寮步、大朗、洪梅、清溪、樟木头、凤岗、茶山、虎门、东坑、沙田、道滘、黄江、麻涌、中堂、高埗、塘厦、大岭山、桥头）。按照东莞市统计局的统计数据和东莞市自然资源局计算各镇街陆地面积时，东莞市除了上述 32 个镇街外还包括松山湖，其中沙田镇包含虎门港，松山湖包括生态园，如图 2.1 所示。东莞市各镇街土地面积如表 2.1 所示。

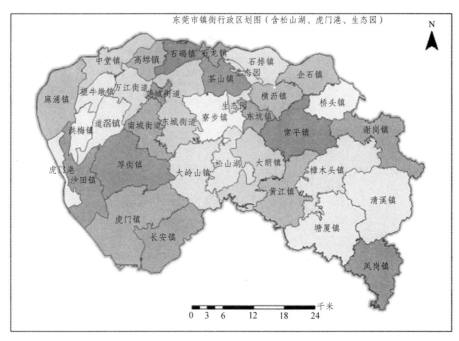

图 2.1　东莞市 33 个镇街行政区划图

表 2.1　东莞市各镇街土地面积

序号	镇街	土地面积/ km^2	序号	镇街	土地面积/ km^2
1	莞城街道	11.2	12	道滘镇	54.3
2	石龙镇	13.8	13	洪梅镇	33.2
3	虎门镇	166.5	14	沙田镇	117.7
4	东城街道	105.1	15	厚街镇	125.7
5	万江街道	48.5	16	长安镇	89.5
6	南城街道	56.6	17	寮步镇	72.5
7	中堂镇	59.9	18	大岭山镇	95.5
8	望牛墩镇	31.6	19	大朗镇	97.5
9	麻涌镇	87.2	20	黄江镇	92.9
10	石碣镇	36.2	21	樟木头镇	118.8
11	高埗镇	34.6	22	清溪镇	140.1

序号	镇街	土地面积/km²	序号	镇街	土地面积/km²
23	塘厦镇	128.2	29	东坑镇	23.7
24	凤岗镇	82.4	30	企石镇	58.2
25	谢岗镇	91	31	石排镇	48.7
26	常平镇	103.3	32	茶山镇	45.4
27	桥头镇	56	33	松山湖	89.6
28	横沥镇	44.7		不含海域面积	2 460.1

注：数据来源于东莞市自然资源局，不包括海域面积，其中沙田镇面积包含虎门港，松山湖面积包括生态园。

二、地形和地貌概况

东莞市地势东南高、西北低。地貌以丘陵台地、冲积平原为主，丘陵台地占 44.5%，冲积平原占 43.3%，山地占 6.2%。中南部低山丘陵成片，为丘陵台地区；东南部多山，山体庞大，分割强烈，集中成片，起伏较大，海拔多为 60～200 m，坡度 30°左右，东莞市最高山峰——银瓶嘴山的主峰高 898.2 m；东北部接近东江河滨，陆地和河谷平原分布其中，海拔为 30～80 m，坡度小，地势起伏和缓，为易于积水的埔田区；西北部是东江冲积而成的三角洲平原，是地势低平、水网纵横的围田区；西南部是濒临珠江口的江河冲积平原，地势平坦而低陷，是受潮汐影响较大的沙咸田地区。东莞市是东江和广州水道出海的咽喉，有海岸线 115.94 km（含内航道），主航道岸线 53 km，拥有深水良港——虎门港。

三、气候概况

东莞市属南亚热带季风海洋气候，具有气候温暖，温差振幅小，长夏无冬，光照充足，热量丰富，雨量充沛，干湿季和季风明显等特点。按应用气候学常用的划分四季标准，即气候平均气温小于 10 ℃ 为冬季，大于或等于 22 ℃ 为夏季，则东莞市没有气候意义上的冬季，而夏季却从 4 月 16 日开始到 10 月 31 日长达 199 天；一年中 2—3 月份日照最少，7 月份日照最多；东莞市除冬季受干冷的大陆气团控制降水稀少外，其余时间受海洋暖湿气流的影响，大部分时间雨量充沛，雨量集中在 4—9 月份，其中 4—6 月为前汛期，以锋面低槽降水为多，7—9 月为后汛期，台风、降水活跃。东莞市四季树木常绿，花果常香，鱼虾常鲜，但也常受到热带气旋、暴雨、洪涝、干旱、寒潮、低温阴雨、强对流等气象灾害的侵袭，如：冬季的连续低温、霜冻甚至结冰等，春季的低温阴雨、倒春寒，秋季的寒露风、霜降风；春、夏之交的强对流天气，冰雹、雷雨大风、龙卷风常造成灾患；夏季常受副热带高压脊的控制，出现高温、炎热天气。

四、水系流域概况

东莞市主要河流有东江、寒溪水、石马河。境内 96% 属东江流域，东江干流自东北角博罗县、惠阳区之间入境后，沿北部边境自东向西行至桥头新开河口，有发源于宝安区的石马河流入，至企石由企石河流入，至石龙分出南支流后，北干流续流至石滩，与来自增城的支流汇流，经市境石碣、高埗、中堂、麻涌的大盛注入狮子洋；南支流斜向西南，在峡口接纳来自市境中部的寒溪水，峡口以下有 3 支较小的支流牛山水、蛤地水和小沙河，自东向西汇入，流经石碣、莞城、道滘、厚街、沙田于泗盛注入狮子洋。北干流与南支流之间为东江三角洲的河网区。东莞市水系概况如图 2.2 所示。

五、土地利用概况

据东莞市自然资源局 2020 年 11 月 4 日发布的《广东国土资源年鉴——（2020 卷）东莞市》得知，根据 2018 年度土地变更调查数据，东莞市辖区内土地调查总面积 24.60 万 hm²，农用地面积 10.03 万 hm²，其中纯耕地面积 1.28 万 hm²、园地面积 2.99 万 hm²（可调整园地面积 1.39 万 hm²）、林地面积 3.38 万 hm²（可调整林地面积 0.26 万 hm²）、草地面积 0.08 万 hm²（可调整草地面积 0.08 万 hm²）、其他农用地面积 2.30 万 hm²（可调整地类面积 0.54 万 hm²）；建设用地面积 12.06 万 hm²，其中城镇村及工矿用地面积 10.91 万 hm²、交通运输用地面积 0.83 万 hm²、水库及水工建筑面积 0.32 万 hm²；未利用地面积 2.51 万 hm²，其中水域及水利设施用地面积 1.38 万 hm²、其他草地面积 0.92 万 hm²、其他土地面积 0.21 万 hm²。

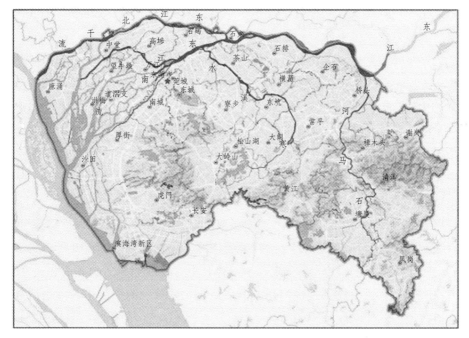

图 2.2　东莞市水系图

第二节　研究数据来源

　　研究所需的数据主要包括两类，一是表达东莞市自然特征的地形地貌、气候、植被和水文数据；二是表达东莞市人口分布和行政区划的数据。为了研究的可行性和可比性，选用"十二五"最后一年（2015）和"十三五"期间（2016—2020）为研究时段。其中，覆盖东莞市的 1∶25 万 DEM 数据、

2018年遥感影像（Landsat 8）、水域及行政区划矢量图；东莞市32个镇街的自动气象台站2015—2020年逐月温度、降水、相对湿度、地面以上10 m高度处的平均风速、日照时数等数据来自东莞市气象局；2018年东莞市土地利用类型图（LUCC）和东莞市归一化植被图（NDVI）；广东省多年环境公报、东莞市多年环境公报和其他相关社会经济统计数据以及2015—2020年人口数据来自东莞市年鉴。

除人口数据外，其他数据在相关章节中有详细的分析和处理，本节主要对人口数据做简单分析。

据东莞市统计局公布的《东莞市第七次全国人口普查公报》，至2020年11月1日零时，东莞常住人口为1 046.66万人，占全省人口总量的比例从2010年的7.88%提高到8.31%，提高了0.43个百分点。与2010年第六次全国人口普查比较，全市常住人口增加224.64万人，增长27.33%，年平均增长率为2.45%，这2个增长率远高于全国平均数（全国10年增长5.38%，年平均增长率0.53%），也高于广东省平均数（广东10年增长20.81%，年平均增长率1.91%）。33个镇街（园区）中，人口超过60万人的有3个，分别是虎门镇83.81万人、长安镇80.74万人、塘厦镇62.90万人；在40万人至60万人之间的有7个；在20万人至40万人之间的有10个；少于20万人的有13个。有32个人口增加，其中有7个镇街人口增长超过10万人，依次为：大朗镇、虎门镇、塘厦镇、长安镇、南城街道、厚街镇、东城街道，分别增加24.59万人、19.95万人、14.69万人、14.32万人、12.90万人、11.25万人、10.43万人。从各镇街（园区）常住人口数占全市比重的变化情况来看，比重增加最大的是大朗镇，从3.78%上升到5.32%，松山湖产业园从0.49%上升到1.15%，南城街道从3.52%上升到4.00%。人口进一步向制造业大镇、经济重镇和松山湖辐射区聚集。东莞已成为广东省第三个常住人口1 000万以上的人口大市，人口密度为每平方千米4 255人，居广东省各市第一位。

各镇街2015—2020年人口详细数据如表2.2所示。

表 2.2　2015—2020 年各镇街常住人口数据

（单位：人）

序号	镇街	2015	2016	2017	2018	2019	2020
1	莞城街道	166 499	166 398	168 706	168 706	170 397	173 957
2	石龙镇	142 099	142 002	143 603	143 603	145 397	144 762
3	虎门镇	638 361	635 864	639 360	639 360	647 352	838 144
4	东城街道	481 358	481 148	487 349	487 349	496 387	597 192
5	万江街道	243 907	245 507	249 387	249 387	253 898	328 856
6	南城街道	302 414	309 093	318 375	318 375	325 903	418 288
7	中堂镇	139 208	139 387	140 825	140 825	141 903	196 890
8	望牛墩镇	85 604	85 415	86 205	86 205	86 300	86 960
9	麻涌镇	118 766	119 202	120 859	120 859	122 778	182 416
10	石碣镇	240 983	240 115	241 490	241 490	244 097	282 255
11	高埗镇	215 108	214 485	215 316	215 316	216 112	169 923
12	道滘镇	141 614	141 397	142 483	142 483	143 786	159 502
13	洪梅镇	58 100	58 100	58 598	58 598	59 196	65 325
14	沙田镇	179 257	178 669	179 846	179 846	181 376	210 175
15	厚街镇	437 562	435 173	932 317	932 317	442 841	550 807
16	长安镇	661 316	660 152	510 598	510 598	674 025	807 391
17	寮步镇	408 030	408 828	502 208	502 208	420 065	513 090
18	大岭山镇	275 613	277 619	309 325	309 325	284 113	366 101
19	大朗镇	311 123	312 683	241 313	241 313	320 970	556 778
20	黄江镇	227 977	227 419	104 605	104 605	233 736	283 426
21	樟木头镇	131 630	131 749	263 498	263 498	136 858	173 875
22	清溪镇	310 041	309 061	538 825	538 825	313 684	344 303
23	塘厦镇	484 852	488 186	498 057	498 057	498 442	629 016
24	凤岗镇	318 476	317 570	320 124	320 124	324 491	417 430
25	谢岗镇	98 098	97 643	98 098	98 098	98 826	106 152
26	常平镇	385 929	385 722	389 544	389 544	395 019	444 894
27	桥头镇	165 200	164 808	165 816	165 816	167 720	207 294

续表

序号	镇街	2015	2016	2017	2018	2019	2020
28	横沥镇	204 503	203 921	205 218	205 218	208 079	278 858
29	东坑镇	134 498	133 810	134 498	134 498	136 488	187 877
30	企石镇	121 522	121 522	122 220	122 220	123 908	169 396
31	石排镇	157 398	156 911	157 691	157 691	160 710	235 194
32	茶山镇	157 220	158 219	159 082	159 082	162 804	219 333
33	松山湖	110 797	114 509	119 078	119 078	126 784	120 765
	全市总计	8 255 063	8 262 287	8 964 517	8 964 517	8 464 445	10 466 625

资料来源：《东莞年鉴（2015—2020）》。

2015 与 2020 年各镇街常住人口对比如图 2.3 所示，从图中可看出，"十三五"期间，虎门镇、南城街道、长安镇、大朗镇、塘厦镇、寮步镇和厚街镇等镇街因经济比较发达，流入人口较多，常住人口有大幅增加，其他大部分镇街也有小幅度增加。

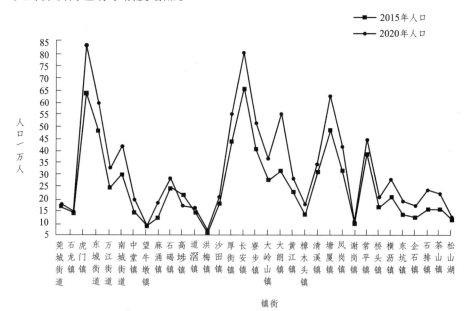

图 2.3 2015 与 2020 年各镇街常住人口对比

各镇街 2015—2020 人口密度数据如表 2.3 所示。

表 2.3　2015—2020 年各镇街人口密度数据

（单位：人/ km²）

序号	镇街	2015 人口密度	2016 人口密度	2017 人口密度	2018 人口密度	2019 人口密度	2020 人口密度
1	莞城街道	14 866	14 857	15 063	15 125	15 214	15 532
2	石龙镇	10 297	10 290	10 406	10 471	10 536	10 490
3	虎门镇	3 834	3 819	3 840	3 856	3 888	5 034
4	东城街道	4 580	4 578	4 637	4 668	4 723	5 682
5	万江街道	5 029	5 062	5 142	5 188	5 235	6 781
6	南城街道	5 343	5 461	5 625	5 693	5 758	7 390
7	中堂镇	2 324	2 327	2 351	2 352	2 369	3 287
8	望牛墩镇	2 709	2 703	2 728	2 722	2 731	2 752
9	麻涌镇	1 362	1 367	1 386	1 399	1 408	2 092
10	石碣镇	6 657	6 633	6 671	6 693	6 743	7 797
11	高埗镇	6 217	6 199	6 223	6 217	6 246	4 911
12	道滘镇	2 608	2 604	2 624	2 630	2 648	2 937
13	洪梅镇	1 750	1 750	1 765	1 771	1 783	1 968
14	沙田镇	1 523	1 518	1 528	1 532	1 541	1 786
15	厚街镇	3 481	3 462	3 488	3 495	3 523	4 382
16	长安镇	7 389	7 376	7 417	7 453	7 531	9 021
17	寮步镇	5 628	5 639	5 705	5 742	5 794	7 077
18	大岭山镇	2 886	2 907	6 927	2 956	2 975	3 834
19	大朗镇	3 191	3 207	3 239	3 251	3 292	5 711
20	黄江镇	2 454	2 448	2 475	2 501	2 516	3 051
21	樟木头镇	1 108	1 109	1 126	1 140	1 152	1 464
22	清溪镇	2 213	2 206	2 218	2 220	2 239	2 458
23	塘厦镇	3 782	3 808	3 846	3 854	3 888	4 907
24	凤岗镇	3 865	3 854	3 885	3 902	3 938	5 066

续表

序号	镇街	2015 人口 密度	2016 人口 密度	2017 人口 密度	2018 人口 密度	2019 人口 密度	2020 人口 密度
25	谢岗镇	1 078	1 073	1 078	1 079	1 086	1 167
26	常平镇	3 736	3 734	3 771	3 795	3 824	4 307
27	桥头镇	2 950	2 943	2 961	2 968	2 995	3 702
28	横沥镇	4 575	4 562	4 591	4 609	4 655	6 238
29	东坑镇	5 675	5 646	5 675	5 709	5 759	7 927
30	企石镇	2 088	2 088	2 100	2 115	2 129	2 911
31	石排镇	3 232	3 222	3 238	3 273	3 300	4 829
32	茶山镇	3 463	3 485	3 504	3 553	3 586	4 831
33	松山湖	1 237	1 278	1 329	1 404	1 415	1 348
	全市平均	3 356	3 359	3 644	3 411	3 441	4 255

东莞市人口目前表现出 2 个倒挂：一是人口数量与土地面积倒挂，东莞已经成为全省第三大人口城市，但土地面积在全省 21 个地级以上市中仅排第 17 位；二是户籍人口与流动人口倒挂，流动人口接近户籍人口的 4 倍。2015—2020 年东莞市常住人口和人口密度分别如图 2.4、2.5 所示（资料来源：东莞年鉴 2015—2020）。

图 2.4　2015—2020 年东莞市常住人口数据

图 2.5　2015—2020 年东莞市常住人口密度

根据《东莞年鉴 2020》分析，2020 年，东莞市 33 个镇街的人口密度（人/ km²）数据如图 2.6 所示。

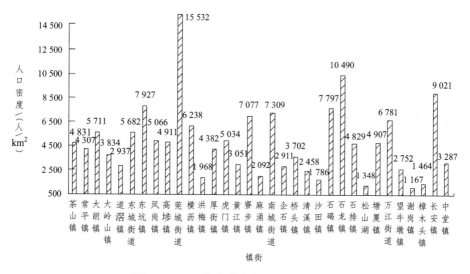

图 2.6　2020 年东莞市各镇街人口密度

从图 2.6 分析得出，2020 年东莞市的人口密度最小值是 1 167（谢岗镇），最大值是 15 532（莞城街道），平均值是 4 255，中值是 4 829，标准差是 2 957。

在 ArcGIS 中，采用分类分级得出东莞市人口密度图如图 2.7 所示。从图 2.7 可以看出各个镇街的人口分布和密集情况。莞城区和石龙镇 2 个镇街的人口密度超过 1 万，属于超高密集区；长安镇人口密度达到了 9 000 以上，属于高密集区；东坑镇、石碣镇、南城街道、寮步镇 4 个镇街超过 7 000；

万江街道、横沥镇、大朗镇、东城街道、凤岗镇、虎门镇、高埗镇、塘厦镇、茶山镇、石排镇、厚街镇、常平镇等 12 个镇街也在平均值 4 255 之上；洪梅镇、沙田镇、樟木头镇、松山湖、谢岗镇 5 个镇街人口密度均在 2 000 以下。

因东莞市气象数据局的气象数据以东莞市 32 个镇街采集，而在综合评价中要考虑各镇街的人口密度情况，为此，在 ArcGIS 中先将 100m×100m 格网与包含 33 个镇街（含松山湖）的人口密度（从东莞市统计局获取手工输入）的图层通过"选择连接和关联-连接"的操作后，再将转换后的包括人口密度数据的格网图层与 32 个镇街的行政区划矢量地图再经过"选择连接和关联-连接"（平均值方式汇总）的操作，生成 32 个镇街的人口密度数据图层。

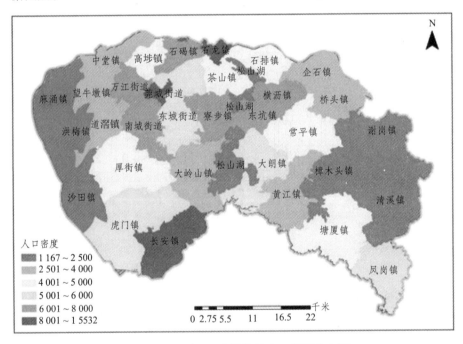

图 2.7　2020 年 33 个镇街的人口密度分布图

人居环境自然适宜性评价指标体系的构建

第一节　指标体系构建的原则

因人居环境自然适宜性研究对象的差异性的存在，不能将某个评价指标体系直接运用到具体的某一研究对象的评价体系中。因为忽视研究对象自然环境的特征对人居环境自然适宜性的影响和制约，将使评价结果与实际情况存在较大偏差。建立一个科学合理的评价指标体系关系到人居环境自然适宜性评价结果的正确性和科学性。人居环境自然适宜性评价指标体系的构建应遵循以下 10 项原则（阿依努尔·买买提等，2012；韩雅敏，2018；许倩雯，2019）。

一、目标性原则

指标的选择应紧贴人居环境自然适宜性这个主题，指标均与目标有某种程度的相关性，所选指标都应能全方面反映目标。评价的目的是要客观地反映区域人居环境的实际发展现状和实际水平，使评价结果更真实可靠、科学合理。

二、以人为本原则

人居环境系统中"人"是主体，"环境"是客体，"居"是主体的行为活动，通过"居"将"人"和"环境"有机联系在一起。人居环境自然适宜性评价以建设一个优美、人与自然和谐相处的居住环境为主要目标。构建人居环境自然适宜性评价指标体系时，应体现"以人为本"的原则，反映人们对居住环境的主客观感受和需求指标。

三、科学性原则

各项评价指标概念明确、内涵清晰，具有一定的科学理论依据和科学内涵。指标遴选、指标权重以及数据计算方法等须与已经实践证明的科学理论和公式为依据。指标体系能较真实地度量、反映人居环境适宜性的现状和发展趋势，从而较为完善地反映出研究区的人居环境自然适宜性。

四、动态性原则

经济社会的发展势必带来自然环境的变化和人口的流动。所以，人居环境具有动态性，会随着时间推移而有所变化。指标的选取应该具有一定的时效性和可调性，能够适应不同时期区域自然、社会和经济发展的特点，避免短时间内会发生剧烈变化的因素对评价结果产生影响。

五、可操作性原则

在选取评价指标时既要科学合理又要结合实际，尽可能选取易获取、易计算、无明显错误、缺失量不大的数据或已有的统计数据，也应注意能比较全面真实地反映区域人居环境适宜性的综合指标因子。

六、系统性原则

由于人居环境系统本身所固有的复杂性，人居环境自然适宜性评价是一个多属性、多层次、综合性的系统工程。因此，评价指标应逐层遴选，目标层下所设置的各项指标项均能独立地反映目标层的某一方面或不同层面的水平，各指标间既相互独立又相互联系，共同构成一个有机的整体，使评价结果可以全面地反映目标层的整体水平。

七、简明性原则

人居环境自然适宜性评价涵盖内容较多，但若把所有影响因子全部列入评价指标体系中，必将使指标体系变得十分繁杂。因此，建立指标体系时要有侧重、有目的地遴选出那些表现力强的因子，评价指标应该简明扼要地涵盖人居环境自然适宜性的各个层面。

八、独立性原则

评价指标体系中所选的每个指标都应能独立地反映人居环境的某一个方面或不同层面的发展水平。各指标之间应相互独立，删除相关度较高或重叠性较大的指标，减少对综合评价结果的负面影响，使评价结果可以客观地反映人居环境建设的整体水平。

九、客观性原则

指标体系必须能够应用于实践中，不能脱离现实，否则毫无意义。因此，选择评价体系指标时必须以事物的客观事实为依据，避免过多人为的主观臆测，按照科学统一的标准进行选择，最大限度地保证指标选取过程的真实性和规范性，以及选取指标的客观性和权威性。

十、可比性原则

指标体系的设计应满足不同数据之间在空间上和时间上的可比性特征。从空间上来看，不同地区的评价结果之间应当是可以互相比较的，以便能够准确反映不同地区人居环境自然适宜性的空间差异；从时间上来看，评价结果必须具备时间前移的可比性，保证评价结果能够揭示研究区域人居环境自然适宜性的时间变化趋势与规律，这就要求要对所得数据进行归一化处理。

综上所述，人居环境自然适宜性评价指标体系的确定须在坚持上述原则的基础上，根据各个指标的内容及性质，不断进行动态调整。

第二节　指标体系的构成

基于上述原则，结合东莞市的地域特性以及经济、人口和社会结构实际，本研究采用单因子评价和多因子综合评价体系。

一、单因子评价

单因子评价就是对在人居环境自然适宜性评价中起决定性作用的某些关键因素分别进行建模并求值，选定合适的评价标准将研究区划分成不同等级的适宜区。

本研究根据《国家人口计生委关于开展人口发展功能区编制工作的指导意见》（2008）中的要求，对人居环境自然适宜性评价中地形起伏度指数的计算公式、气候适宜度、水文指数与植被指数等构成的人居环境指数模型，以公里网格（1 km×1 km）为基本单元，定量评价不同区域人居环境的自然适宜程度。根据人居环境指数和限制性因素强弱，划分为人居环境不适宜地区、临界适宜地区、一般适宜地区、比较适宜地区和高度适宜地区，具体如表 3.1 所示。

表 3.1　单因子评价表

指标	高度适宜区	比较适宜区	一般适宜区	临界适宜区	不适宜区
等级	Ⅰ	Ⅱ	Ⅲ	Ⅳ	Ⅴ
分值	a	b	c	d	f

表 3.1 中，a，b，c，d，f 是某个因子的分级的取值范围，不同的因子其分级取值范围也不一样，一般通过经验、专家或行业标准来给定。

二、综合评价模型

单因子的人居环境自然适宜性评价只能针对某一因素采用某一种评价

标准而确定适宜程度。但人居环境是一个复合生态系统，其影响因素具有多元性特点，单因子评价适宜性程度往往缺乏全面性，要综合考虑各关键因子对人居环境质量影响因素的程度以及对某一区域的适宜性做出客观、可靠的评价时，必须进行多因子综合评价。

1. 评价因子的选取

自然环境包括：地质环境、水环境、生态环境、大气环境、空间环境等。自然环境要素是一切非人类创造的直接、间接影响人类生活和生产环境的自然界中各个独立的、性质不同而又有总体演化规律的基本物质组分，包括阳光、空气、水、生物、岩石、矿物、土壤、气候等，自然环境各要素之间相互影响、相互制约。针对东莞的地形特征、生态环境现状，综合考虑现状用地情况、未来开发建设目和经济的发展等因素，本研究选用地形地貌、气候、水文和植被等因子构建人居环境适宜性评价因子。因这些因子对人居环境自然适宜性的作用不同，通过利用地形起伏度、温湿指数、水文指数和植被指数，并将上述指数加权计算人居环境适宜性指数，并结合人口分布的相关性完成公里格网和行政区划人居环境自然适宜性进行综合评价。本研究从指标体系的构成出发，将人居环境自然适宜性评价指标体系分成目标层、准则层（因子层）、指标层（见表3.2）。

表 3.2　人居环境适宜性评价指标体系构成

目标层	因子层	一级指标	二级指标
人居环境自然适宜性	地形条件 C1	地形起伏度 D1	平均海拔 E1
			相对高程 E2
			平地面积 E3
	气候条件 C2	气候舒适度 D2	月、年均气温 E4
			月、年均风速 E5
			月、年均日照 E6
			月、年均相对湿度 E7
	水文条件 C3	水文指数 D3	年均降水量 E8
			水域面积比重 E9
	土地覆盖条件 C4	植被指数 D4	植被指数 E10
			土地利用类型 E11

目标层是指标体系的最高层，或称为理性层次描述了评价的目的，是通过定量计算结果来对人居环境自然适宜性的空间格局及演化进行整体性评价和分析，从而反映研究区域整体人居环境质量的优劣；因子层是指标体系的评价准则和影响评价的因素，是对目标层的具体描述和扩展，包括地形条件 C1、气候条件 C2、水文条件 C3 和土地覆盖条件 C4；指标层是对准则层的具体化，包括一级指标和二级指标：一级指标有地形起伏度 D1、气候舒适度 D2、水文指数 D3、植被指数 D4，其对应的二级指标有平均海拔 E1、相对高程 E2、平地面积 E3，月、年均气温 E4，月、年均风速 E5，月、年均日照 E6，月、年均相对湿度 E7，年均降水量 E8，水域面积比重 E9，植被指数 E10，土地利用类型 E11。

2. 评价模型的确定

多因子综合评价是一种定量计算的综合评价方法，即建立一个评价指标体系，利用一定的方法和模型，对反映研究对象不同侧面的指标进行综合评价，从整体上做出定量的总体评价。多因子综合评价首先要确定关键因子构建评价指标体系的建立，然后确定评价指标体系中各个评价指标的权重以及综合评价模型，最后根据模型的输出值来划分适宜性等级。

为了说明某一栅格单元或某区域的适宜性等级，本研究前面研究过的单因子（地形起伏度、气候、水文、植被覆盖度）对人居环境自然适宜性的贡献和影响不同，我们通过 BP 神经网络算法计算每一评价因子对东莞市人居环境自然适宜性贡献程度的大小，再把 4 个归一化处理后的单因子指数的空间栅格数据进行空间加权叠加计算得到东莞市人居环境自然适宜性栅格，然后分别按 1 km×1 km 栅格和按行政区划进行综合评价，获得每个空间栅格数据和镇街的人居环境自然适宜性状况指数。其具体计算公式为如下：

$$CI_i = \sum_{j=1}^{n} I_j W_{lj} \tag{3.1}$$

公式（3.1）中，CI_i 为 i 空间栅格单元或行政区的人居环境综合适宜性指数；I_j 为第 j 个评价因子的适宜性指数；W_{lj} 为第 j 个评价因子的权重。

3. 评价因子权重的确定

权重是指该指标在整体评价中的相对重要程度。权重的确定方法主要包括以下两大类主观赋权法和客观赋权法。主观赋权法（又称经验赋权法）是指人们对分析对象的各个因素，根据决策者或研究者对各指标的主观重视程度，主观确定的系数，如专家评分法、二项系数法、Delphi 法和 AHP 法等。客观赋权法是指依托客观信息进行赋权，主要有主成分分析法、嫡值法、多目标规划法等。主观赋权法能反映决策者的主观意志和思想，因而分析结果具有很大程度上的主观随意性。客观赋权法是指经过对客观资料进行整理、计算和分析，从而得出的权重系数，如嫡权法、标准离差法和 CRITIC 法等。客观赋权法具有较强的科学理论和实践依据，能尽量避免评价结果的主观随意性，在一定程度上较为客观地体现了各因子的影响程度，但其缺点在于权重系数的大小会受到指标数据随机性的影响，尤其是计算方法大多比较烦琐。因而，不同的指标及使用同样的研究方法出现的权数可能不一样。本研究中各因子的权重根据 BP 人工神经网络法来确定，既可避免主观赋权法的主观能动性，也克服了传统客观赋权法指标数据随机性的影响。

第三节　因子信息提取方法

一、聚类分析法

聚类分析法是根据设定的聚类条件对原有数据系统进行有选择的信息提取而建立新的栅格数据系统的方法（汤国安等，2012）。实际应用中，常常对多层面栅格数据构成的栅格数据集进行聚类分析，每个栅格图层代表某个专题：土地利用、土壤、道路、河流或高程，或者是遥感图像的某波段的光谱值。从遥感数字图像信息中提取其中某一地物的方法则采用聚类分析法。

二、空间插值法

空间插值法就是通过有限数量的样点预测出栅格内所有网格的数值的方法。空间插值的理论假设是："空间位置上越靠近的点，越可能具有相似的特征值；而距离越远的点，其特征值相似的可能性越小。"空间插值的数据通常是复杂空间变化有限的采样点的测量数据，采样点的空间位置对空间插值的结果影响很大。理想情况是在研究区内均匀分布点，但有时为避免规则采样导致片面结果，需要结合随机采样方法，在规则格网内随机采点。整体插值和局部插值方法是用于空间插值的两类方法，由于局部插值方法用临近的数据点来估计未知点的值而不受插值表面上其他点的内插值影响，因而可以弥补整体插值方法易丢失短尺度的、局部的变化信息的缺陷。局部插值具体可通过最邻近点法（泰森多边形法）、移动平均插值法（距离倒数插值）、样条函数插值、空间自协方差最佳插值法（克里金插值法）等方法实现（邬伦等，2011）。本研究将气象数据、人口数据进行空间插值处理以获取部分评价指标数据。

三、窗口分析法

对于栅格数据的空间要素，除了在不同层次的因子之间存在一定的制约关系外，还表现在空间上存在着一定的关联性。某个栅格往往会影响其周围栅格的特征。窗口分析法可准确而有效地反映这种事物在空间上相关性的特点。窗口分析法是指对栅格数据系统中的一个、多个栅格点或全部数据开辟一个有固定分析半径的分析窗口，在该窗口内进行极值、均值或标准差等统计值计算，进行差分及与其他层面信息的复合分析等，实现栅格数据有效的水平方向扩展分析，它是栅格数据分析的一种基本方法。窗口分析中的分析窗口有矩形窗口、圆形窗口、环形窗口、扇形窗口等类型，可进行的运算类型有求极值、均值等统计运算，求范围、种类等测度运算，滤波运算、坡度运算等函数运算和追踪分析等（秦昆等，2010）。本研究利用矩形窗口分析方法进行地形因子数据的提取计算地形起伏度，包括海拔的最大值、最小值、均值、某给定海拔出现的频率以及区域面积、平地面积等。

04 第四章

东莞市地形适宜性研究

第一节　地形起伏度及其相关概念

地形一般是从海拔、地面起伏、地形种类和分布等方面来说的，它是地理环境的基本要素，通过分析地形要素，才能进一步掌握其他自然要素以及如何改造自然、利用自然和发展生产等情况。地形，即地表的形态，是指地势高低起伏的变化。地形分为高原、山地、平原、丘陵、盆地和台地六大基本地形。

高原：周边以明显的陡坡为界，比较完整的大面积隆起地区。海拔在1 000 m以上，有的高原表面宽广平坦且地势起伏不大，有的高原山峦起伏但地势变化很大。它以高度较大区别于平原，又以较大的平缓地面和较小的起伏度区别于山地。

山地：海拔在500 m以上，相对高差200 m以上，主要特点是海拔较高、峰峦起伏、坡度陡峻。

平原：陆地上海拔较低、地面起伏较小的地区。海拔在200 m以下，相对高度一般不超过55 m，坡度在5°以下，主要特点是地势低平、起伏和缓。

丘陵：由连绵不断的低矮山丘组成的地形。海拔在200~500 m，相对高度一般不超过200 m，主要特点是海拔较低、起伏不大、坡度较缓。

盆地：人们把四周高（山地或高原）、中部低（平原或丘陵）的盆状地形称为盆地，主要特点是四周高、中间低、山陵环绕。

台地：直立于邻近低地、四周有陡崖、顶面基本平坦似台状的地貌。台地则介于高原和平原两者之间，海拔在100 m至几百米之间。主要特点是中央的坡度平缓，四周较陡，直立于周围的低地丘陵。

一个地区的地形特点，一般要从海拔、地面高低起伏的状况、地形的种类和分布等方面来阐述。其中，地面高低起伏的状况也即地形起伏度。

地形起伏度 RDLS（Relief Degree of Land Surface，RDLS）又称相对地势、地势起伏度或相对高度，是指在指定分析区域内（或单位面积内）最高点与最低点的差值，它是定量描述一个区域地形地貌特征的宏观性指标，是划分地貌类型的一个重要指标（张锦明，2011）。地形起伏度在土壤侵蚀敏感性评价、土地利用评价、冻融侵蚀敏感性评价、地貌制图、地质环境评价、水土流失定量评价等领域有广泛的应用。在生态环境评价、人居环境适宜性评价方面，众多学者也将地形起伏度作为评价指标之一（徐燕等，2003；朱辉，2004；李志祥等，2005）。

第二节 地形适宜性国内外研究现状

地形对人居环境的影响包括海拔的影响和坡度的影响。随着高程（海拔）的上升，大气压强、大气含氧量、气温、日光辐射等发生变化，既直接影响人类个体的生理机能，也直接影响农作物的生产、基础设施建设等气候及地表水文因素的形成与作用，从而间接控制着区域人类集聚分布的程度与形态；坡度主要对交通便利性、城乡建设成本等造成影响；坡度的增加还容易形成滑坡、泥石流、崩塌等地质灾害，影响人类生命财产安全。

一、国外对地形起伏度的应用研究现状

1948 年苏联科学院地理研究所认为一定区域内地表的割切深度就是地形起伏度。自此开始，学者们开始以地形起伏度为切入点，从全球、国家、省市及县域等不同空间尺度探索地形对水土流失、生态环境、农业生产、人口分布及经济发展的影响。1988 年，Vijay Kodagali 利用地形起伏度在生态环境保护方面进行了研究；1998 年，A. K. Pachauri 通过分析得出地形起伏度是导致喜马拉雅山山体滑坡的重要原因之一；2005 年，Ashis K. Saha 基于相对地形起、岩性以及土地覆盖等因子制作出喜马拉雅山滑坡敏感性

专题地图；2006 年，Aldo Clerici 研究并得出了岩性、坡度和坡向、高程和地表起伏是主要影响亚平宁山脉滑坡灾害的因素；2010 年，FD Silva and P Cesar 把地形起伏度运用到巴西东南部地形环境评估中。

二、国内对地形起伏度的应用研究现状

1996 年，牛文元院士提出了评价中国自然环境的地形起伏度定义（NIU Wenyuan，et al.，1996），之后国内众多学者对地形起伏度进行了实证研究。封志明等（2007）采用窗口分析法提取了中国地形起伏度，并从比例结构、空间分布和高度特征 3 个方面分析了中国地形起伏度的分布规律及其与人口分布的相关性；王永丽等（2013）采用窗口分析法计算和提取了陕西省地形起伏度，对陕西省人居环境的自然适宜性进行了评价；查瑞生等（2014）基于 DEM 采用窗口分析和邻域分析提取了重庆市南川区的地形起伏度对该地区的人居环境地形适宜性做了评价和分级；叶胜等（2014）通过以 RDLS 为主要考虑因素，对重庆市地形适宜性做出了评价；杨博思（2016）基于城市地形起伏度完成了大连市四区的人居环境评价；沈非等（2018）对安徽省人居环境地形与气候适宜性进行了分析；谭玮颐等（2019）以贵州省荔波县为例，研究了地形起伏度对喀斯特山区的水土流失敏感性的影响；封志明等（2020）分析了青藏高原地形起伏度与海拔、相对高差的相互关系，并界定了地形起伏度对区域地形起伏状况的有效表征。在对人居环境自然适应性的研究中，大部分学者均有基于地形起伏度对地形适宜性的研究。

第三节　基于格网的地形起伏度的提取

一、最佳分析格网的确定

地形起伏度的计算是在一定区域内的求解，这个区域（格网）的大小也得求解影响整个研究区域内地形起伏度的结果，区域的大小与高差的变化特征为：开始时，格网由小到大则起伏度也不断增大，但当格网增大到

一定大小（阈值）后，地形起伏度的变化也随之缓和，且最大起伏度基本稳定在一个数值上，这个窗口就是我们要的最佳分析格网。因此，地形起伏度提取算法的核心是如何确定一个最佳分析格网，分析格网的大小决定了地形起伏度提取效果与结果的有效性和科学性。刘爱利（2004）在基于1：100 万的 DEM 的全国地形地貌特征研究中，得出计算我国地形起伏度的最佳分析格网大小为 42.25 km²；唐飞等（2006）通过对准噶尔盆地及其西北山区地形起伏度的研究，认为克拉玛依地区的地形起伏度的最佳统计分析区域为 4 km²；郎玲玲等（2007）综合比较多种比例尺的 DEM 提取的地形起伏度的结果分析，得出福建低山丘陵地区 1：25 万 DEM 的地形起伏度的最佳分析格网大小为 4.41 km²，1：10 万 DEM 的地形起伏度的最佳分析格网为 0.4 km²；王雷等（2007）采用 1：25 万地形图研究昆明地区地貌形态时，得出该地区的最佳分析区域大小是 16 km²；张磊（2009）采用 1：25 万 DEM 研究京津冀地区地形起伏度时，发现该地区的最佳分析区域大小为 9.61 km²。可见，不同地区、不同地貌形态、不同的 DEM 数据类型、不同的比例尺等，起伏度最佳分析区域没有一个统一的标准。所以，在对某一个具体的研究区域采用不同比例尺的 DEM 数据提取起伏度时，需要重新计算该区域地形起伏度提取的最佳统计单元。

东莞属于丘陵、台地、冲积平原为主的起伏度不高的地区，本研究中，将坡度小于 5°的区域定义为平地，采用 1：25 万的 DEM 提取东莞市的地形起伏度，根据我国 DEM 比例尺的规定，1：25 万 DEM 数据格网大小为 100 m×100 m，即每个像元的大小是 100 m×100 m。在 ArcGIS 中利用计算机编程语言 Python 编程实现从 3×3 开始一直到 20×20 对整个研究区进行相对高程差（max$H$-min$H$）的自动计算，并依此求出最佳分析单元大小，以实现地形起伏度的自动提取。代码如下：

```
import arcpy
from arcpy import env
from arcpy.sa import*
#设置工作
env.worKspace ="E: /exe"
```

#其次设置输入待处理的栅格数据

inRaster ="东莞 dem25 万_ProjectRaster.img"

#其中 exe1 栅格数据要处于工作环境目录下。

#声明并初始化变量:

num = 21

#循环语句执行从 3 × 3 到 90 × 90 的移动窗口中最大值与最小值的差值, 语句如下:

```
while num<=30:
    width=num
    height = width
    myNbrRec = NbrRectangle(width, height, "CELL")
    # ChecK out the ArcGIS Spatial Analyst extensionlicense
    arcpy.ChecKOutExtension("spatial")
OutRas=(FocalStatistics(inRaster, myNbrRec, "MAXIMUM",))-(FocalStatistics
(inRaster, myNbrRec, "MINIMUM", ))
    #重新设置输出文件保存路径并保存输出结果:
    env.worKspace ="E: /exe/output"
    OutRas.save("R_"+str(num))
    num = num + 1
# 语句结束
```

运行结果计算出不同分析窗口如表 4.1 所示。

表 4.1　窗口大小与相对高程差对应关系统计表

窗口大小	5×5	7×7	10×10	11×11	13×13	15×15	17×17	19×19	21×21	23×23	27×27
面积 ($\times 10^4 \mathrm{m}^2$)	25	49	100	121	169	225	289	361	441	529	729
$\max H$-$\min H$	335	478	556	587	618	664	668	673	707	707	738

然后再利用 IBM SPSS 软件中的回归分析曲线估计做基于对数曲线(Logarithmic)拟合的回归分析, 从而得到如图 4.1 所示的拟合曲线, 再根

据其确定适合本区域研究的最佳窗口的大小。根据表 4.1 的统计数据得到图 4.1 的拟合对数曲线方程 $y=114.851\ln(x)+3.397$，其判定系数 $R^2=0.972$，经拟合优度检验，拟合度较好，同时可以看出，确定拐点方法主要是以人工作图判断法为主，同时结合最大高差法。第一个拐点出现在 10×10（$1\ km^2$）窗口单元处，第二个拐点出现在 14×14（$2\ km^2$）窗口单元处。因东莞市的起伏度较小，相比 $1\ km^2$ 大小的窗口求出的起伏度与实际比较相符，结果精度较好，所以本研究选取 $1\ km\times1\ km$ 大小的窗口作为 $1：25$ 万 DEM 计算本研究区内地形起伏度的最佳统计单元值。

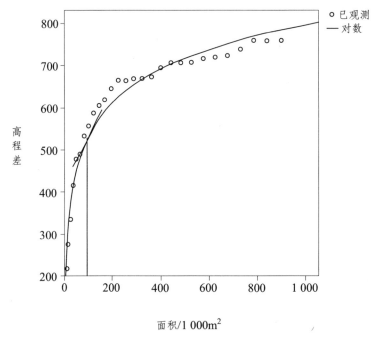

图 4.1　窗口大小与相对高程差对应关系拟合曲线

二、地形起伏度的提取

本研究采用窗口分析法来提取东莞市地形起伏度，开辟 $1\ km\times1\ km$ 大小的栅格区作为操作单元，利用 ArcGIS 软件 Spatial Analysis（空间分析）功能中的栅格 Neighborhood Statistic（邻域统计）工具来实现，邻域统计以待计算栅格为中心，向其周围扩展一定范围，基于这些扩展栅格数据进行函数运算，从而得到此栅格的值。具体操作流程如图 4.2 所示。

根据牛文元等人研究的结果，我们将东莞市地形起伏度定义为：

$$RDLS=ALT/1000+\{(maxH\text{-}minH)\times[1\text{-}P(A)/A]\}/500 \qquad （4.1）$$

式中，$RDLS$ 为地形起伏度；ALT 以为某一单元栅格为中心的一定区域内的平均海拔高度（m）；$maxH$ 和 $minH$ 分别为区域内的最高与最低海拔（m）；$P(A)$ 为区域内的平地面积（km^2）；A 为区域总面积，如本研究确定采用 1 km×1 km 栅格为提取单元，则 A 值为 1 km^2。500 表示我国的中低山高度，即一个标准山高。

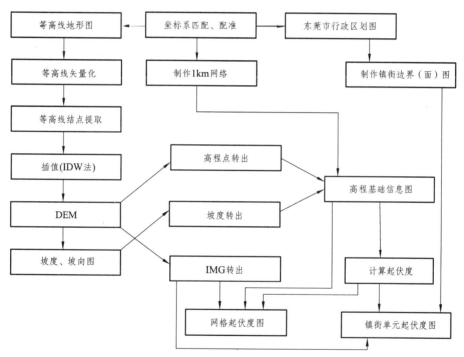

图 4.2　地形起伏度提取流程

根据公式（4.1）采用以下方法提取相关参数：

（1）海拔的提取。栅格区内平均海拔（ALT）和 $maxH\text{-}minH$ 的提取。首先，取栅格区操作单元为 1 km×1 km 大小，先后提取该栅格区内高程的平均值、最大值和最小值，分别记为 ALT、$maxH$ 和 $minH$；然后将此值赋予该栅格区内的所有栅格，生成 2 个新的数据层；最后利用栅格计算器（Raster Calculator）对 2 个数据层的差值 maxH-minH 进行运算后，即可求出最大高程和最小高程的差值。

（2）平地面积的提取。本研究平地面积和非平地面积是依据坡度的大小来定义的，由于本研究的最佳窗口定义为 1 km×1 km，因此确定的判断标准为 1 km^2 内坡度<5 的区域定义为平地，其他则为非平地。首先，在 ArcGIS 软件中由 DEM 提取坡度，得到坡度数据层 Slope；然后，在栅格计算器中输入公式 a=[Slope]<5 得到东莞市平地面积和非平地面积的分布区域栅格数；最后，计算平地栅格总数目，即用栅格数目乘以栅格单元面积即可计算出平地面积 P(A)，并计算求得逐个栅格区内的非平地的比例，即 1-P(A)/A。

（3）地形起伏度的提取。

将（1）和（2）求出的 ALT、maxH-minH 和 1-P(A)/A 代入式 4.1 可求出东莞市的地形起伏度 RLDS。

第四节　地形起伏度重分类

根据东莞的地貌以丘陵台地、冲积平原为主的特征，参照匡耀求（2008）对广东省的县级行政区划按地形起伏度分级规则，分为平原地区、低丘陵地区、高丘陵地区、低山区、高山区 5 类，广东省的平均起伏度为 0.381 8。研究结果把东莞归类于低丘陵区，如表 4.2 所示。

表 4.2　广东省地形起伏度分类

起伏度阈值	分类
<0.2	平原地区
0.2～1.0	低丘陵地区
1.0～2.0	高丘陵地区
2.0～3.0	低山区
>3.0	高山区

资料来源：匡耀求等，《广东省县域人居环境适宜性初步评价》，2008。

在 0.2 间隔的地形起伏度统计累积分析中，全市 86.07% 的分析区域的地形起伏度在 0.2 以下，98.40% 的在 1.0 以下（见表 4.3）。

表 4.3　以 0.2 间隔进行重分类

地面起伏度指数	栅格个数	累计百分比
<0.2	2 255	86.07%
0.2~0.4	188	93.24%
0.4~0.6	81	96.34%
0.6~0.8	29	97.44%
0.8~1.0	25	98.40%
1.0~1.2	25	99.35%
1.2~1.4	12	99.81%
1.4~1.6	5	100.00%

按照上述分级，因东莞市起伏度指数最大值为 1.537，所以本研究将地形起伏度指数重分类为 3 类，即可得到东莞市地形起伏度的大概分布范围。

东莞市大部分地势比较平坦，起伏度在 0.2 以内，起伏度介于 0.2~1.0 的基本上都是森林公园、林场等，包括：大岭山森林公园、宝山森林公园、同沙生态园、莲花山、旗峰山公园、青山林场、清溪林场、谢岗林场、裕丰林场、高坑林场和大屏嶂林场；起伏度 1.0 以上的在观音山森林公园。

第五节　基于行政区划的东莞市地形起伏度计算

用 ArcGIS 软件对东莞市行政区与基于格网的地形起伏度进行叠加分析，得到东莞市各镇街的地形起伏分布情况。因某些栅格因跨越 2 个以上镇街，所以，最后所有镇街包括的栅格个数总数达到 3 347 个。利用 ArcGIS 中 Spatial Analyst 工具中的区域分析功能，可求得东莞市各镇街的平均起伏度。东莞市镇街平均起伏度分布图如图 4.3 所示。

对比图 4.3 地形起伏度分布图和图 4.4 平均高程分布度图可看出，起伏度和平均高差基本一致，这也说明东莞市起伏度比较有规律，山片区的樟木头、清溪、黄江、谢岗和厚街起伏度较大，而水乡片区和莆田片区起伏度较小。

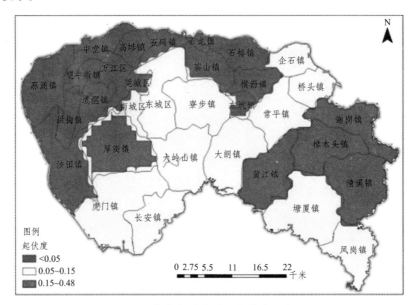

图 4.3 东莞市镇街地形起伏度分布图

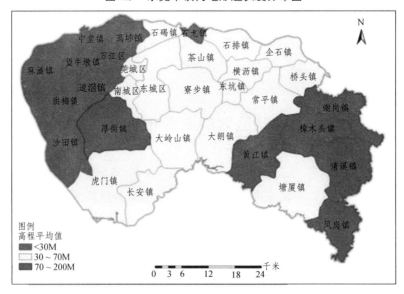

图 4.4 东莞市镇街平均高程分布图

第六节　东莞市地形起伏度与人居环境的相关性分析

一、东莞市地形起伏度的分布概况

东莞市最高海拔为 920 m，平均海拔为 62.768 m，海拔最大差值为479 m。地形起伏度最大值为 1.537，最小值为-0.018 999 999。当地形起伏度达到 0.2 时，即平原地区（相对高差≤100 m），2 620 个格网中占 2 255个，达86.07%；地形起伏度达到 1 时（相对高差≤1 000 m），2 620 个格网中占 2 493，达 98.4，主要是一些林场和森林公园，包括：黄江和樟木头边界的裕丰林场、大岭山和厚街边界的大岭山森林公园、大朗境内的青山林场、黄江和塘厦边界宝山森林公园、清溪境内的高坑林场、清溪林场、谢岗境内的谢岗林场；当地形起伏度大于 1 时（相对高差>1 000 m），只有 42个网格，只占 1.6%，主要有长安境内的莲花山、面积较大的樟木头林场。结果表明，东莞市的地形起伏度明显偏重低值，起伏剧烈区域极少，地形整体较平坦，多以丘陵和平原为主。

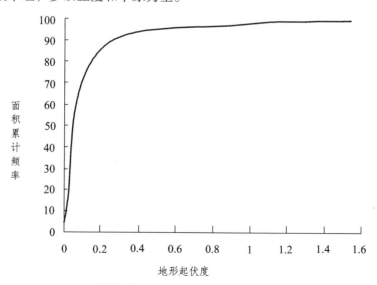

图 4.5　东莞市地形起伏度与面积的累计频率曲线

根据起伏度值的提取中计算出的平地面积达 2192 km^2，占总面积的 88.94%。为了更直观地表达出东莞市地形起伏度及其所占面积的关系，绘制了地形起伏度与面积的累计频率曲线图（见图 4.5）。由图 4.6 可知，东莞市大部分地区的地形起伏度都集中在 1.2 以下。

最后，得到如表 4.4 所示的镇街平均起伏度（按起伏度由小到大排序）。

表 4.4　东莞市镇街平均起伏度

序号	镇街名称	格网个数	总面积/km^2	平均起伏度	平均高程/m	片区
1	望牛墩镇	50	24.58	0.007 070	7.66	水乡片
2	洪梅镇	57	39.75	0.008 282	8.88	水乡片
3	麻涌镇	129	102.95	0.009 115	10.09	水乡片
4	高埗镇	62	36.9	0.017 529	17.9	水乡片
5	沙田镇	179	131.4	0.019 366	19.73	沿海片
6	中堂镇	92	53.62	0.023 248	23.49	水乡片
7	石龙镇	28	13.11	0.025 255	25.46	埔田片
8	道滘镇	80	52.8	0.026 963	27.8	沿海片
9	石排镇	79	55.82	0.037 822	37.58	埔田片
10	石碣镇	60	34.04	0.037 999	38.41	水乡片
11	莞城街道	35	18.89	0.043 628	43.33	城区片
12	茶山镇	79	58.41	0.045 604	46.06	埔田片
13	横沥镇	70	45.16	0.047 100	47.28	埔田片
14	东坑镇	36	22.21	0.049 985	49.98	埔田片
15	桥头镇	72	52.06	0.050 487	50.2	埔田片
16	常平镇	126	91.84	0.050 658	50.16	埔田片
17	企石镇	68	46.28	0.050 910	50.21	埔田片
18	南城街道	51	27.96	0.051 887	50.21	城区片
19	长安镇	123	83.45	0.055 648	44.99	沿海片
20	寮步镇	138	106.81	0.059 380	52.95	丘陵片

序号	镇街名称	格网个数	总面积/km²	平均起伏度	平均高程/m	片区
21	东城街道	155	105.69	0.068 908	52.44	城区片
22	大朗镇	157	122.95	0.097 209	61.82	丘陵片
23	虎门镇	226	173.95	0.098 899	62.11	沿海片
24	塘厦镇	196	156.74	0.105 177	65.8	山区片
25	万江街道	75	46.2	0.109 067	19.47	城区片
26	大岭山镇	141	116.13	0.122 884	66.67	丘陵片
27	凤岗镇	115	80.67	0.127 854	71.26	山区片
28	厚街镇	172	138.22	0.148 950	79.59	沿海片
29	黄江镇	145	112.82	0.199 780	85.08	丘陵片
30	谢岗镇	125	87.45	0.277 253	94.66	山区片
31	清溪镇	163	124.58	0.371 112	152.5	山区片
32	樟木头镇	132	98.31	0.442 265	167.74	山区片

从上述图和表中可以看出，东莞市整体的地形起伏度较小，地势比较平坦。在东莞片区划分中，东莞被分为水乡片、沿海片、莆田片、山区片和城区片，如表 4.5 和图 4.6 所示，基本是依照地形起伏度来分区的。平均地形起伏度最小的为望牛墩镇（0.007 070），较低的有洪梅镇（0.008 282）、麻涌镇（0.009 115）、高埗镇（0.017 529）、沙田镇（0.019 366），全部位于水乡片区和沿海片区，基本属于东莞的西北部。平均起伏度 0.2 以上的有谢岗镇（0.277 253）、清溪镇（0.371 112）、樟木头镇（0.442 265）等，全部位于山区片，东莞的东南部。按照中国 1:100 万数字地貌制图规范：平原（<30 m）、台地（30~70 m）、丘陵（70~200 m）、小起伏山地（200~500 m）、中起伏山地（500~1 000 m）、大起伏山地（1 000~2 500 m）和极大起伏山地（>2 500 m），东莞市遍布着平原、丘陵和部分山地，地势由西北向东南逐渐升高。

表 4.5 东莞市片区划分

功能片区	镇街名称
城区片	莞城街道、东城街道、南城街道、万江街道
水乡片	麻涌镇、中堂镇、望牛墩镇、洪梅镇、石碣镇、高埗镇
沿海片	虎门镇、长安镇、厚街镇、沙田镇、道滘镇
埔田片	石龙镇、石排镇、企石镇、桥头镇、茶山镇、横沥镇、东坑镇、常平镇
丘陵片	寮步镇、大岭山镇、大朗镇、黄江镇
山区片	樟木头镇、谢岗镇、清溪镇、塘厦镇、凤岗镇

资料来源:《东莞市城市建设总体规划》。

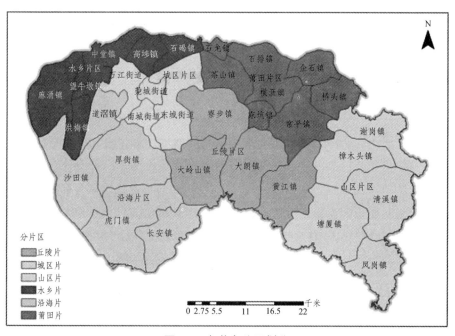

图 4.6 东莞市片区划分

二、东莞市地形适宜性分析

地面起伏对人类的生产、生活有着重要的影响。对大多数人来说,在平坦的地面生活要比在高低不平的地面生活更方便些。

按照 1 个全国基准山体高度为 500 m，即起伏度指数 1.0 相当于 500 m 高程差值（max$H$-min$H$）的转换关系，起伏度与起伏度指数与人类生活的适宜度关系如表 4.6 所示。

表 4.6　高程差值、起伏度指数与人类生活的适宜度的对应关系

max$H$-min$H$/m	起伏度指数	地形起伏度分级	人类生活的适宜度
<100	<0.2	1	适宜
100~500	0.2~1.0	2	一般
500~1 000	1.0~2.0	3	不适宜
>1 000	>2.0	4	很不适宜

东莞市地形起伏度重分类分布情况如表 4.7 所示。从表中可以看出，东莞 86.07% 的区域非常适宜人类居住，只有 1.6% 的区域不适宜居住，而且这部分区域是东莞最高的两座山：银屏山和莲花山，同时这些区域也是生态资源保护区域。以上都说明东莞市地形整体非常适宜人类居住。

表 4.7　东莞市地形起伏度重分类分布情况

地面起伏度指数阈值	栅格个数	百分比	累计百分比
<0.2	2 255	86.07%	86.07%
0.2~1.0	323	12.33%	98.40%
≥1.0	42	1.60%	100.00%

东莞市气候适宜性研究

气候是在太阳辐射、下垫面性质、大气环流和人类活动长时间相互作用下，某一地区长时间内天气和大气活动的综合状况，通常用时间尺度的平均值和离差值来表征，时间尺度为月、季、年、数年到数百年以上。狭义的气候要素包括如空气温度、湿度、气压、风、云、雾、日照、降水等，这些气象要素是目前气象台站所观测的基本项目，在人居环境诸多自然要素中，气候对人居环境的影响最为显著，也是决定人居环境自然适宜性的重要因子。气候舒适度指健康人群在无须借助任何防寒、避暑装备和设施情况下对气温、相对湿度、风速和日照时数等气候因子感觉的适宜程度。气候适宜性是以人类机体与近地大气之间的热交换原理为基础，通过人体的感官和视听器官对气候舒适度进行衡量的。气候适宜性主要从热量的角度来定义，通常将大气环境对人最敏感的气温、相对湿度、日照时数、风速 4 个要素作为影响人体舒适度的主要因素，再选择一定的测量方法建立评价气候适宜性的指标，既有科学性又有可行性。气候适宜度决定着人居环境的适宜度及居住适宜性，因而成为评价区域人居环境自然适宜性的重要指标之一。

第一节 气候因子概述以及东莞市气候情况分析

气候因子指形成自然环境的各气候因子，包括温度（气温、变化幅度和类型）、水分（降水量、湿度、降雨型）、光（日照时数、日照度）、大气（风、O_2 及 CO_2 的浓度）等。其中，与本研究气候适宜指数相关的因子有气温、湿度、风速、降水量和日照时数等。下面结合东莞的气候概况对这几个因子做简单的介绍。

一、气温

气温是用来表示大气冷热程度的物理量，表征一个地方的热状况特征。通常我们所说的气温是指地面气象观测规定高度（即 1.25 ~ 2.00 m，国内为 1.5 m）上的空气温度。一个地区的气候状况，通常用年（月）平均气温，年（月）平均最高（低）气温和极端最高（低）气温来衡量。气温的单位用摄氏度（℃）表示，有的以华氏度（F）表示，均取一位小数，负值表示零度以下。

东莞市年平均气温较高，1978—2020 年的平均温度为 22.7 ℃，最高为 2019 年，平均温度为 23.9 ℃，最低是 1984 年，平均温度为 21.5 ℃。由 1978—2020 年年均气温曲线图（见图 5.1）可以看出，整体的平均气温年变化幅度较小，但从 1985 年后气温呈现明显上升趋势，2012 年开始，气温升高更为显著，气候偏暖。由 1978—2020 年月均气温曲线图（见图 5.2）看出，出现高温的时间一般是 7—9 月，7 月为最热月。由 1978—2020 年极端最高气温和极端最低气温曲线图（见图 5.3）看出，1994 年出现了极端最高温为 38.2 ℃，其余年份都在最高温度均在 35.6 ℃ ~ 38 ℃；出现低温的时间一般是 12 月到次年的 2 月，1 月为最冷月，除最低的 1991 年为 1.2 ℃ 以及 2005 年为 1.8 ℃、2010 年为 1.9 ℃、2016 年为 2 ℃、1978 年为 2.7 ℃ 和 1979 年为 2.9 ℃ 外，其余年份大都在 3 ℃ 以上，也没出现冰冻现象。近年来，在全球变暖的大环境下，东莞的气温也不断增加，高温日数也有增加趋势，从东莞市 1978—2020 年高温天数和低温天数曲线图（见图 5.4）可看出，2008 年以前，每年高温（>35 ℃）天数一般在 10 天以下，但从 2010 年开始，高温天数显著增多。21 世纪以来，一共有 11 个年份高温天数大于 10 天；冬季气温呈现明显上升的趋势，已经连续 30 多年出现暖冬。气温变暖的主要原因是东莞社会经济的高速发展，城市规模的迅速扩大，东莞人口、工厂、车辆的增加，东莞的地表性质发生了改变，大量的水泥和柏油路面，以及各种建筑墙面等，有效地吸收了大量太阳辐射，地表含水量也随之减少，导致气温上升，进而使东莞市的城市热岛效应呈现出来。另外，受地形、海洋和江河的影响，东莞市境内各地气温有一定的差别，东部山区气温略偏低，偏南地区稍高，东江河两岸大致相同。

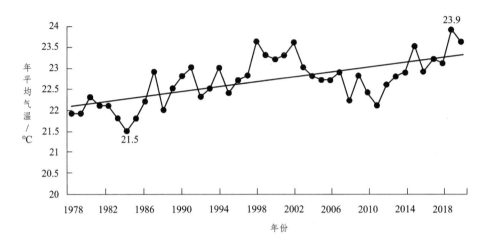

图 5.1　东莞市 1978—2020 年年均气温曲线图

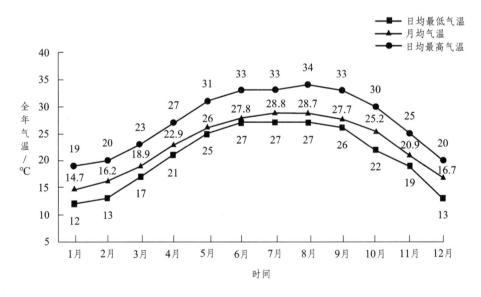

图 5.2　东莞市 1978—2020 年年气温曲线图

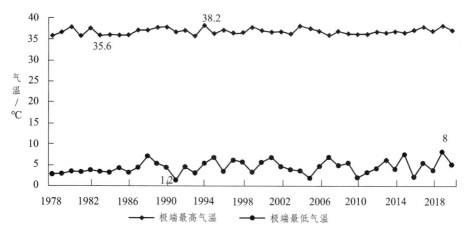

图 5.3   东莞市 1978—2020 年极端最高气温和极端最低气温曲线图

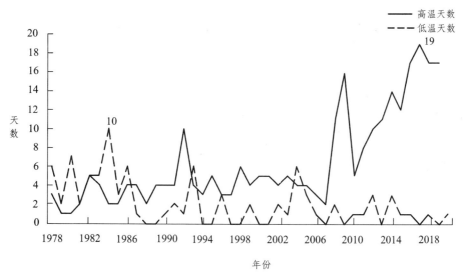

图 5.4   东莞市 1978—2020 年高温天数和低温天数曲线图

二、降水量

气象部门把下雨和下雪都称作降水，降水是指从云中降落的液态水和固态水，如雨、雪、冰雹等。一定时间内，降落到水平面上，假定无渗漏，不流失，也不蒸发，累积起来的水的深度，称为降水量（以 mm 为计算单位）。1 mm 的降水量是指单位面积水深 1 mm。1 mm 降水量相当于每亩地里增加 0.667 m³ 的水，也相当于向每亩地浇了约 667 kg 的水。

东莞市降水量虽然丰沛，但年际变化较大，是各气候因子中最不稳定的因子。多雨年和少雨年比较，两者相差较大。1978—2020 年累年平均降水量为 1 945.7 mm，年降水量最多的是 2008 年，为 2 710.9 mm，最少的是 1991 年，为 1 219.6 mm，相差达 2.22 倍。

各月降水量的年际变化比年降水量的年际变化更大，尤以 12 月和 1 月最大。降水量年内按月份统计分布不均匀，干湿季节明显，43 年来，6 月平均降水量最多达到了 336.0mm，12 月平均降水量最少只有 27.3mm。降水量分布情况为：6 月为主雨峰，8 月为次雨峰。4—9 月为全年降水量的集中期，占全年总降水量的 82.5%，其中，4—6 月为前汛期，占全年总降水量的 43.9%，7—9 月为后汛期，占全年总降水量的 38.6%。前汛期主要是由南下的冷空气与热带暖湿气流共同作用形成的，后汛期则主要是由热带低压、热带气旋、热带辐合带等热带天气系统形成的。前汛期降水量较大，后汛期降水量相对要少些。

东莞市 1978—2020 年年降水量曲线图如图 5.5 所示，1978—2020 年（月）最多、最少降水量如表 5.1 所示，1978—2020 年月平均降水量如表 5.2 所示。

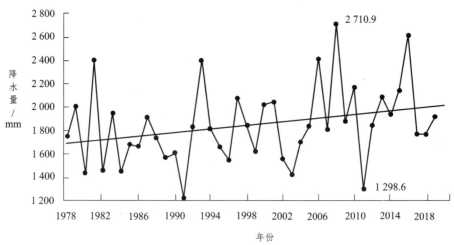

图 5.5　东莞市 1978—2020 年年降水量曲线图

表 5.1　东莞市 1978—2020 年（月）最多、最少降水量表（单位：mm、倍）

月份	1	2	3	4	5	6	7	8	9	10	11	12	全年
最多	186.4	290.0	319.5	471.0	650.7	1 327.2	742.4	909.2	538.4	245.2	123.7	143.9	2 711.2
最少	0.3	0.0	8.6	3.4	54.8	77.3	49.6	52.6	7.7	0.0	0.0	0.1	972.1
差值	165.3	290.0	310.9	467.6	595.9	1 249.9	692.8	856.6	530.7	245.2	123.7	143.8	1 739.1
比值	621.3	—	37.2	138.5	11.9	17.2	15.0	17.3	69.9	—	—	1 439.0	2.8

数据来源：东莞市气象局。

表 5.2　东莞市 1978—2020 年月平均降水量表（单位：mm）

月份	1	2	3	4	5	6	7	8	9	10	11	12	全年
降水量	45.9	73.3	95.4	197.5	296.9	336	285.4	251.7	184.5	95.3	45.3	38.5	1 945.7

数据来源：东莞市气象局。

据最近几年的资料分析可知，东莞的强降水和强雷暴雨增多，造成的社会经济损失越来越大。局部性大暴雨，造成局部地方严重内涝，暴雨造成的经济损失多次超过了 10 亿元。高温天气增多，雷暴雨强度增加以及强雷暴雨事件频繁发生，也造成较大的经济损失和人员死亡。

三、日照时数

世界气象组织（World Meteorological Organization，WMO）给出的定义：日照时数指太阳每天在垂直于其光线的平面上的辐射强度超过或等于 120 W/m^2 的时间长度（赵昕宇等，2013）。气象上通常提供的是观测到的实照时数，即一天内太阳直射光线照射地面的时间，以小时为单位。

东莞照时数比较充足，1978—2020 年平均日照时数为 1 892.6 小时，占全年可照时数的 43.2%。从 1978—2012 年日照时数曲线图（见图 5.6）可以看出，东莞市日照时数的年际变化较大，其中，2003 年，日照时数最多，达 2 268.7 小时，占全年可照时数的 51.8%；最少是 1997 年，只有 1 558.1 小时，占全年可照时数的 35.6%，两者相差 710.6 小时，相当于平均值的 37.5%。1978—2020 年月平均日照时数表（见表 5.3）显示，一年中 2—3

月份日照最少，主要原因是 3 月份正处于阴雨时节，大气透明度差，中、低云层经常布满天空；日照时数最大值出现在 7 月份，从初夏 6 月到盛夏 7 月，是一年中日照时数升幅最大的时段，这是由于 7 月份是前汛期结束和后汛期开始的月份，常受副热带高压脊控制，多晴天，加上夏至前后太阳高度角最大，白昼时间长所致；降幅最大的是 2 月份，主要原因是冬季晴朗季节转入阴雨季节所致。

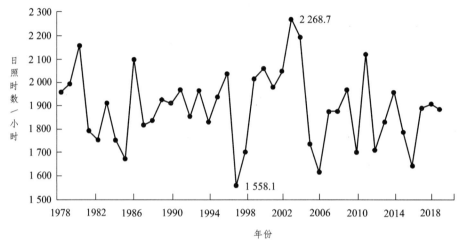

图 5.6 东莞市 1978—2020 年日照时数曲线图

数据来源：东莞市气象局。

表 5.3 东莞市 1978—2020 年月平均日照时数（单位：小时）

月份	1	2	3	4	5	6	7	8	9	10	11	12	全年
日照时数	141.7	92.9	88.5	102.2	151.8	164.0	227.1	203.3	195.2	209.4	190.5	177.5	1 892.6

随着城市化进程的加快、经济的快速发展和机动车辆的迅速增加，城市污染进一步加剧。2003 年以来，东莞市的灰霾天数显著增加，基本都在 100 天以上，2007 年灰霾天数达到 204 天，占全年天数的 55.9%。表 5.4 为东莞市 1978—2020 年灰霾天数统计情况。灰霾影响东莞市的气候、交通安全，也对居民的身体和心理健康造成负面影响。

表 5.4　东莞市 1978—2020 年灰霾天数统计

年份	1978—1989	1990—2002	2003	2004	2005	2006	2007	2008	2009	2010	2011	2012
灰霾天数	10	43	154	165	140	192	204	146	85	115	92	87

东莞市 1978—2020 年平均降水量、气温、降水和日照统计情况如表 5.5 所示。

表 5.5　东莞市 1978—2020 年平均降水量、气温和日照时数统计

年份	年降水量 /mm	年均气温	最高气温	高温天数 (≥35 ℃)	最低气温	低温天数 (≤5 ℃)	年日照时数
1978	1 748.3	21.9	35.7	3	2.7	6	1 958.8
1979	2 007.1	21.9	36.5	1	2.9	2	1 991.4
1980	1 434.7	22.3	37.7	1	3.3	7	2 157.1
1981	2 394.9	22.1	35.6	2	3.2	2	1 792.2
1982	1 454.1	22.1	37.5	5	3.8	5	1 754.1
1983	1 947.1	21.8	35.8	4	3.3	5	1 909.7
1984	1 444.5	21.5	35.9	2	3.1	10	1 749.2
1985	1 678	21.8	35.8	2	4.2	3	1 671.7
1986	1 665.2	22.2	35.9	4	3	6	2 098.1
1987	1 908.8	22.9	37	4	4.3	1	1 816.6
1988	1 735	22	37	2	7	0	1 836.5
1989	1 567.2	22.5	37.6	4	5.2	0	1 926
1990	1 602.9	22.8	37.8	4	4.3	1	1 910.2
1991	1 219.6	23	36.6	4	1.2	2	1 968.8
1992	1 827.1	22.3	37	10	4.5	1	1 854.5
1993	2 393.6	22.5	35.6	4	3	6	1 965.7
1994	1 809.1	23	38.2	3	5.4	0	1 828.6
1995	1 664.8	22.4	36.2	5	6.7	0	1 935.7
1996	1 547.4	22.7	37.1	3	3.4	3	2 036
1997	2 074	22.8	36.3	3	6.1	0	1 558.1

续表

年份	年降水量/mm	年均气温	最高气温	高温天数（≥35 ℃）	最低气温	低温天数（≤5 ℃）	年日照时数
1998	1 844.5	23.6	36.5	6	5.6	0	1 699
1999	1 614.5	23.3	37.8	4	3.1	2	2 015.8
2000	2 019.3	23.2	37	5	5.6	0	2 059.5
2001	2 042.6	23.3	36.6	5	6.6	0	1 978.2
2002	1 557.4	23.6	36.7	4	4.5	2	2 046.9
2003	1 416.7	23	36.1	5	3.8	1	2 268.7
2004	1 705.8	22.8	38	4	3.5	6	2 192.9
2005	1 837.6	22.7	37.4	4	1.8	3	1 736.3
2006	2 412	22.7	36.8	3	4.7	1	1 616.4
2007	1 806.9	22.9	35.9	2	6.7	0	1 876.7
2008	2 710.9	22.2	36.8	11	4.8	2	1 879.3
2009	1 881.6	22.8	36.3	16	5.3	0	1 967.8
2010	2 165.9	22.4	36.1	5	1.9	1	1 699.7
2011	1 298.6	22.1	36.2	8	3.2	1	2 120.1
2012	1 838.6	22.6	36.7	10	4.1	3	1 708.7
2013	2 087.2	22.8	36.4	11	6.1	0	1 830
2014	1 935.6	22.9	36.8	14	3.9	3	1 958.8
2015	2 137.9	23.5	36.5	12	7.5	1	1 787.2
2016	2 612.2	22.9	37.1	17	2	1	1 641.6
2017	1 769.4	23.2	37.9	19	5.4	0	1 890.7
2018	1 766.1	23.1	36.8	17	3.7	1	1 906.8
2019	1 912.3	23.9	38.1	17	8	0	1 887.1
2020		23.6	37	21	5	1	
平均值	1 945.7	22.7	36.8		4.4		1 892.6
最大值	2 710.9	23.9	38.2	21.0	8.0	10.0	2 268.7
最小值	1 219.6	21.5	35.6	1.0	1.2	0.0	1 558.1
最高年份	2008	2019	2019		2019		2003
最低年份	1991	1984	1981		2005		2006

数据来源：东莞市气象局。

四、相对湿度

空气湿度是用来表示空气中水汽含量多少或表征空气干湿程度的物理量。空气湿度是一个与人们生活和生产有密切关系的重要环境因子，其状况是决定云、雾、降水等天气现象的重要因子。空气湿度对人体舒适度有着重要的意义。试验表明，相对湿度为 50%～60%时人体感觉最为舒适，也不容易引起疾病，空气湿度过大或过小都对人体健康不利。

湿度的表示方法很多，常用的有水汽压、绝对湿度、相对湿度、比湿、混合比、露点等。在气象预报对外发布中，最常用的是相对湿度。相对湿度是实际水汽压与同温度下饱和水汽压之比，用百分数表示，取整数，是地面气象观测规定高度（即 1.25～2.00 m，国内为 1.5 m）上的空气湿度。

东莞市 1978—2020 年累年平均相对湿度为 73%，如表 5.6 所示。其中，6 月为雨季相对湿度最高为 80%，12 月降水量最小、空气比较干燥，相对湿度最低，只有 64%。一般来说，夏秋季（4—9 月）相对湿度相对高一点，春冬季（1—3 月、10—12 月）相对湿度稍低。

表 5.6　东莞市 1978—2020 年各月平均相对湿度表（单位：%）

月份	1 月	2 月	3 月	4 月	5 月	6 月	7 月	8 月	9 月	10 月	11 月	12 月
平均相对湿度	67.0	74.0	74.0	78.0	77.0	80.0	77.0	78.0	73.0	68.0	66.0	64.0

数据来源：东莞市气象局。

五、风速

风速是指空气在单位时间内流动的水平距离。相邻两地间的气压差愈大，空气流动越快，风速越大，风的力量自然也就大。所以，通常都以风力来表示风的大小（韦校俊，2005）。单位用 m/s 表示、km/h 或 n mile/h 来表示，取一位小数。

东莞市 1978—2020 年累年平均风速为 2.0 m/s，根据东莞市 1978—2020 年自记风向风速资料统计，东莞市累年最大风速为 16.8 m/s（2003 年），最小为 1.3 m/s（1988 年）。年内各月平均风速：7 月最大为 2.6 m/s，11 月和 12 月最小为 2.0 m/s，春季大于秋季。年平均风速在 2.2m/s，常风风力 2～3 级，4—9 月盛西南风，其余各月多吹东北风。地处珠三角核心位置的东莞，也常有台风、飓风和龙卷风的侵扰。每年 5—11 月是东莞市受热带气旋影响的季节，其中 7—9 月是影响的盛期。（见表 5.7）

表 5.7　东莞市 1978—2020 年各月平均风速表　　（单位：m/s）

月份	1	2	3	4	5	6	7	8	9	10	11	12	全年
平均风速	2.0	2.1	2.1	2.3	2.3	2.4	2.6	2.3	2.2	2.1	2.0	2.0	2.2

数据来源：东莞市气象局。

第二节　气候对人居环境自然适宜性影响分析

气候是构成人居环境的重要自然因素之一，良好的气候环境会使人们在工作、生活时感到身心愉悦。在诸多气候要素中，温度、湿度、风速、日照等对人体的生理和心理影响最为敏感，气候适宜性就是这些敏感性因素共同作用而感到的舒适程度。气候舒适度决定了人居环境是否舒适，所以人类工作、居住、旅游与气候条件密切相关。气候的变化也将影响人居环境的适宜性，全球变暖是人类面临的最严重的问题之一。

气候变化造成的影响是渐进的，但也是不可逆转的，它虽然不像一次灾害天气过程造成的危害那么直接，但它给自然生态系统和社会经济带来的却是难以承受、持久的严重影响。国内外监测数据和现有的资料表明，气候变暖造成海平面升高、气候带北移、物种分布改变、病虫害增多、新病毒不断产生等，同时气候变暖也使灾害天气频繁发生，旱涝增多、冷暖加剧、天气更加恶劣，直接影响社会公共安全、人类健康和经济发展，包括交通、环境、健康、能源、水资源、城市规划、农业等行业。

一、对道路交通的影响

交通受到暴雨、雷暴、大风、灰霾、雾、高温等气象条件的影响。如暴雨使地面打滑、积水，冲垮路基，低能见度，容易造成交通事故。夏季高温引起路面温度升高，也容易造成机动车爆胎，甚至造成车毁人亡事故。大雾影响视程，也容易造成交通事故。以东莞为例，2020 年 5 月 22 日特大暴雨中，3 h 降水量达 351 mm 为有气象记录以来历史最高纪录，东莞多地已经变成一片汪洋，不少地方的城镇被淹没，街道上停靠的车辆几乎快要淹没到车顶。特别是随着东莞市高等级路的长度、密度和车辆增长率、数量都已跃居全省前列，暴雨对道路交通的影响更大。

二、对环境健康的影响

气候变暖加剧了传染性疾病的传播，恶性传染疾病的发病率也相应提高。最不可忽视的是，气候变化造成部分旧物种灭绝的同时，也必然产生新的物种。物种的变化可能打破病毒、细菌、寄生虫和敏感原的现有格局，产生新的变种，产生另一种危险——激活某种新病毒。在人类活动的进程中，新的病毒在今后还将不断地被发现，对人类健康造成严重的威胁。2003 年爆发的 SARS 病毒和 2020 年爆发的新冠病毒就是最好的例证。

天旱少雨，日照强烈，湿度较小，污染物之间就容易产生各种光化学反应，形成灰霾。灰霾天气增多，空气中有害的颗粒物也增多，导致肺癌患者大量增加。日照减少又使佝偻病增多，对人们健康造成直接影响。

三、对水资源的影响

气候变暖导致高温、干旱、大风、暴雨等极端异常天气增多，社会经济发展与居民生活所需能耗进一步加大，供电、供油、供水矛盾更加突出。

高温天气的增多，也使城市的需水量进一步加大。据统计，2019 年，东莞市水资源总量为 24.74 m³，东莞人均水资源量只有 292.3 m³，与广东人均水资源量 1 808.89 m³ 也有很大差距。随着社会经济的高速发展、城市化进程的不断加快，东莞市人口的增加，东莞的供水形势依然比较严峻。

东莞降水量比较丰富，如果以年均 1 945.7 mm 降水量计算，每年来自空中的水资源就达到近 48.4 亿 m^3，相当于一个大型水库储水，如何处理和合理利用雨水将是一个具有生态和经济双重效益的举措。

四、对城市规划建设的影响

气候对城市规划建设有众多方面的影响，特别是与为居民创造舒适工作生活环境以及防止污染等方面的关系更为密切。依据本地区日照时数、辐射强度和太阳运行规律来设计建筑朝向、建筑间距的确定以及建筑的遮阳设施与采暖设施的设置；在进行城市的功能区规划与环境适宜性分析时，应考虑本地区最小风频风向、静风频率、各盛行风向的季节变换及风速关系等，有污染的产业不适宜规划在上风方；如果某地域风速较大，则有利于污染的扩散，较适宜作为产业发展带；由于建筑密集，硬地过多，生产与生活活动过程中散发大量热量，往往出现市区气温高于郊外的现象——热岛效应，而水景和绿化能有效地降低温度，因此城市规划建设可以分考虑增设大面积水体和绿地；降水量的大小和降水强度对城市排水设施有较为突出的影响。此外，山洪的形成、江河汛期的威胁等也给城市用地的选择及城市防洪工程带来直接影响；相对湿度的大小会对本地区某些工业生产的工艺产生影响，同时又与人类居住环境是否舒适有关。

五、对农业和林业的影响

植被覆盖率影响气候的变化和人居适宜性，气候为农林业作物成长提供了光、热、水等能量和物质，气候因素也决定了本地区农林作物的品种、耕作制度等，比如作物需要特定条件（如适宜的温度和充足的水资源）才能生长良好。极端天气事件，尤其是洪水和干旱发生频率的提高也将损害作物生长，造成减产。对于平均气温预计将上升而降水量预计将减少的地区，应对干旱可能会成为主要挑战。气温升高、气候变潮湿以及大气中二氧化碳含量增加会导致多种杂草、害虫和疫病呈多发态势，更为极端的气温加上干旱可导致作物根本无法生长。

第三节　气候适宜性国内外研究现状

国外学者从各个角度提出了许多评价指标体系并探讨了气候条件对人体舒适度的影响，气候适宜性的研究可以追溯到 1920 年英国学者洪特（David D. Houghton）等提出的有效温度概念。此后，Brunt 于 1945 年较早分析了气候和人体舒适度的关系；E. C. Thom 等（1957）首次提出并由 Bosen 进一步发展的温湿指数；特吉旺（W. H. Terjung，1996）的舒适指数（Comfort Index，CI）和风效指数（Wind Effect Index，WRI）；M. Gregorczuk（1967）和 David D. Houghton 等（1985）人先后研究了有效温度和体感温度，并提出人体适宜性指数公式；奥利佛（J. E. Oliver，1973）的温度-湿度指数和风寒指数（Wind Chill Index，WCI）；加拿大天气局提出的舒适指数；西德摩尼黑林业试验站提出的有效温度以及朝鲜人金圣三的温湿指数。此外，还有 Davis 提出的最舒适气候指标（Davis N. E. et al.，1968），Becker 提出的舒适指数（BecKer S. et al.，1998）等。

在国内，20 世纪 80 年代就有学者开始从聚居角度去探讨气候适宜性。90 年代以来，国内气候适宜性研究主要以定量评价为主（唐焰等，2008）。一些学者在参考国内外已有研究成果的基础上提出了新的评价模型，如张剑光等（1991）的气候宜人度模型、吕伟林（1997）的体感温度模型以及王远飞等（1998）的上海气候舒适度指数等。此外，一些专家学者利用已有的评价模型对典型区域的气候适宜性进行了探讨和实证研究，如王金亮等（1999，2002）利用舒适指数和风效指数、综合舒适指数对香格里拉的旅游气候适宜度以及昆明市人居环境的气候适宜性进行了评价；刘沛林（1999）以有效温度和舒适指数为评价指标对中国乡村人居环境的气候舒适度进行了研究和应用；李雪铭等（2003）采用多层次模糊综合评判方法，从人适应气候的生理和心理角度出发，对全国各主要城市的气候适居性程度进行定量评价；余珊等（2005）取温湿指数 THI 和风效指数 K 对福建省旅游气候资源进行评价与分析；钱妙芬（2005）等利用温度与湿度资料计算人体舒适度，得出平均每年舒适天数以及时段；刘清春等（2007）选取了温湿指数、风效指数、着衣指数来衡量城市旅游气候的舒适性；马丽君（2009）等在温湿指数、风寒指数和着衣指数基础上，构建了一个综合舒适指数模型来评价某区域的旅游气候舒适度；李陈等（2013）利用温湿指数、风效指数和舒适指数分别对北京、上海、广州和香港的气候适宜性做出比较分析与评价；薛晨浩等（2013）采用温湿指数、风效指数、着衣指数，分析银川市打造"运动休闲之都"的气候舒适度；朱宝文等（2014）利用温湿指数分析了该地区旅游气候资源及其与旅游客流量的关系；王万满等（2017）利用人体舒适度对近 55 年青海黄河谷地进行了评价；杜正静等（2018）利用旅游气候适宜性指数（TCSI）对中国旅游气候资源进行精细化的分析；侯亚红等（2018）利用辽宁 14 个主要避暑旅游景区多年来的日平均气温、相对湿度和降水量等资料对辽宁省避暑旅游气候条件进行分析；徐浩天等（2019）使用温湿指数和风效指数评估铜川市人居环境舒适度等级；姚鹏等（2019）利用温湿指数对成都近 37 年的气候舒适度变化特征进行了分析；朱保美等（2019）利用温湿指数、风效指数、穿衣指数、综合指数进行计算，分析气候适宜度，利用线性趋势法对各指数历年变化趋势进行特征分析；阿丽雅等（2020）选取呼伦贝尔市 1988—2017 年的气候资料计算分析了全年人居环境气候舒适度各等级天数；罗小杰等（2020）利用开远市 2013—2019 年的气象观测资料计算出温湿指数、风效指数、着衣指数和综合舒适指数，分析了开远市人居环境气候舒适度。

近年来，随着 3S 技术的发展，众多学者运用 GIS 和 RS 对气候适宜性进行了研究和应用。唐焰等（2008）运用 GIS 技术，基于 1 km×1 km 栅格尺度，计算了中国的温湿指数和风效指数，并分析了两者的时间和空间分布规律，定量评价了中国人居环境的气候舒适期与适宜性；王菁等（2008）运用 ArcGIS 技术，计算了陕西的温湿指数和风效指数，并系统分析了两者的时空分布规律，在此基础上，定量评价了陕西的人居环境气候舒适期与适宜性及其与人口分布的关系。徐军昶等（2009）运用 GIS 技术，计算了陕西温湿指数和风效指数，并分析了两者的时间和空间分布规律，定量评价陕西人居环境气候舒适期与适宜性及与人口分布相关性；辜晓青等（2009）

基于 GIS 的人居环境评价指标对江西省人居环境气候适宜性进行了评价；蒲金涌等（2010）应用数学上的模糊评判方法及综合舒适度指数计算模型，对江苏省夏季旅游气候条件进行了分析；齐增湘等（2011）基于温湿指数和风效指数模型，利用 GIS 技术分析秦岭山系温湿指数和风效指数的时空分布规律及逐月气候的适宜性，评价秦岭山系的气候适宜期；安强等（2012）运用 GIS 技术，在充分考虑气温、湿度、风速以及日照等条件下，通过计算温湿指数和风效指数及其时空分布，对三峡库区人居环境气候适宜性的总体分布趋势进行分析；陈玲玲等（2014）基于 GIS 技术选取温湿指数和风效指数模型，在 1 km×1 km 栅格尺度上评价安徽省气候适宜性。周致远等（2015）运用 GIS 技术，基于温湿指数及其在湖北省的空间分布规律，定量评价湖北省人居环境气候适宜性。

第四节　气候适宜性评价指标和划分标准

气候是自然环境的主导控制因素，适宜的气候是人类生存和发展的基础。在气候诸要素中，影响宜人气候的主要指标包括气温、湿度、日照和风速等，其中人体生理对气温和湿度最为敏感，相对湿度在 60%～70%对人体健康最佳，风速为 2 m/s 对人体最适宜。因此，本研究在对东莞市气候适宜性进行分析和评价时，选用温湿指数和风效指数的综合作为指标，以较客观、科学、综合地反映日照、气温、风速和相对湿度等要素对人体舒适程度的影响。

本研究使用温湿指数模型来评测人居环境的气候适宜性。温湿指数（Temperatuer-Humidity Index，THI）原称不舒适指数（Discomfort Index），现称"人体舒适度指数"，它是从气象角度来评价在不同气候条件下人的舒适感，是一种把温度、湿度对人体冷暖感觉的影响综合成一个量的指数。通常分为 7 到 11 个级别不等，当前一般分为 9 类，居于中间级别时最为舒适。

风效指数（K）由 Bedford 提出，Siple、Court 以及 Thomas-Boyd 等人对其进行了改进，具体指大多数人对气温和风速组合的感受指数，它体现了在寒冷环境条件下，风速与气温对裸露人体的影响，其实就是人的散热指数。其物理含义是指当皮肤温度为 33 ℃ 时，人体体表单位面积内的散热量（kcal/m² · h），具体表现为：气温越低，人的感觉越冷；当温度相同时，风速越大，则人的散热越多，感觉越冷。

$$THI=1.8t+32-0.55(1-f)(1.8t-26) \tag{5.1}$$

式中，t 为月均气温（℃），f 为月均空气相对湿度（%）。

$$K=-(10\sqrt{v}+10.45-v)(33-t)+8.55S \tag{5.2}$$

式中，t 为月均气温（℃），v 为地面以上 10 m 高度处的月均风速（m/s），S 为日均日照时数（h/d）。

本研究根据公式（5.1）、公式（5.2），运用 ArcGIS 的空间分析模块，以 1 km×1 km 为基本研究单元，计算东莞市以及各镇街 12 个月的温湿指数和风效指数，并参照唐焰等人提出的将 THI 和 K 分成 9 个等级的分级标准（见表 5.8）来对东莞的气候适宜性进行评价。

表 5.8　THI 和 K 的分级标准

级别	温湿指数（THI）		级别	风效指数（K）	
	范围	感觉程度		范围	感觉程度
1	<40	极冷，极不舒适	e	<-1200	酷冷，极不舒适
2	40～45	寒冷，不舒适	d	-1 200～-1 000	寒冷，不舒适
3	45～55	偏冷，较不舒适	c	-1 000～-800	偏冷，较不舒适
4	55～60	清凉，舒适	b	-800～-600	清凉，舒适
5	60～65	凉，非常舒适	A	-600～-300	凉，非常舒适
6	65～70	暖，舒适	B	-300～-200	暖，舒适
7	70～75	偏热，较舒适	C	-200～-50	偏热，较舒适
8	75～80	闷热，不舒适	D	-50～80	闷热，不舒适
9	>80	极其闷热，极不舒适	E	>80	极其闷热，极不舒适

资料来源：唐焰，等.《基于栅格尺度的中国人居环境气候适宜性评价》，《资源科学》2008 年第 30 卷第 5 期。

东莞市气候适宜性分析过程如下：

首先，对 1—12 月的平均气温、平均降水量、平均湿度、平均风速、平均日照时数进行空间插值处理，再与东莞市边界图层重分类为 1 类的栅格图层进行裁切边界栅格计算，分别得到东莞市 1—12 月的平均气温、湿度、风速、日照空间分布图，然后通过空间分析的"像素统计"命令得到东莞市多年来的平均气温、湿度、风速、日照空间分布图。

其次，通过空间分析的"区域统计"得到各镇街 1—12 月以及累年的平均气温、湿度、风速、日照值；然后运用公式（5.1）和（5.2）计算得到各镇街 1—12 月以及年均 THI 值和 K 值。

最后，按照表 5.10 分析东莞市 1—12 月气候适宜性的时间和空间分布规律，评价各镇街全年气候舒适期，定量揭示气候适宜性的程度及空间格局。

第五节　数据来源与处理

本研究所采用的数据主要包含东莞市各镇街 12 个月的温度、降水量、相对湿度、风速、日照时数等东莞市气象资料和 2020 年东莞市 1 km×1 km 的人口密度栅格数据。气象原始数据均来源于东莞市气象局，空间范围包含了东莞市 32 个镇街的基准台站，时间范围为 2015—2020 年逐月均值资料。2020 年东莞市人口密度栅格数据由国家科学数据共享工程——地球系统科学数据共享网提供。该数据采用东莞市 2020 年 32 个镇街人口数据，运用基于格网生成法的人口密度空间分布模拟模型，通过融合净第一性生产力、数字高程、城市规模和密度、交通基础设施密度等数据集，模拟了 1 km×1 km 栅格尺度东莞市人口的空间分布，较好地反映了东莞市人口分布的空间格局与地域差异。

一、观测数据缺失值处理

数据缺失是指在数据采集或获取时由于某些原因而没有获得的应有的

数据，导致现有数据集中某个或某些属性的值不完整。数据缺失的原因包括：信息暂时无法获取，数据因人为因素没有被记录、遗漏或丢失，设备故障或其他物理原因造成数据丢失，某些数据的信息获取代价太大，部分对象的某个或某些属性不可用、系统实时性能要求较高；缺失类型包括完全随机缺失、随机缺失和非随机缺失。气象部门因人为或客观原因导致有些数据缺失，如有些信息暂时无法获取、有些信息是被遗漏的、有些因自动观测站仪器出故障没及时采集到数据等。东莞市气象局所给的 2015—2020 年 32 个镇街的数据存在湿度和日照数据缺测，从数据缺失情况分析，属于随机多变量缺失类型，但这些数据缺失会使本研究结果出现偏差甚至会得出有误导性的结论，导致结果的不确定性更加显著。因此，必须采用插补算法将缺失数据补缺完整，然后用标准、正常、完整的数据统计方法进行数据统计分析、合理性检验后才能采用。本研究中，缺失数据插补的目的并不是预测单个缺失值，而是预测缺失数据所服从的分布，目标是注重数据集的整体效果。只要得到相对湿度在各镇街、各月的多年累计平均空气湿度的分布情况即可。

下面结合"平均相对湿度"数据的缺失填补处理进行分析和研究。

1. 缺失值插补算法的研究现状

对缺失值的处理分为：记录删除、插补和忽略。其中，缺失值插补是缺失值处理最普遍的一种处理方式，对缺失值的插补大体可分为 3 种：替换缺失值、拟合缺失值和虚拟变量。替换是通过非缺失数据中的相同群体的共同特征的相似性来填补；拟合是将其他特征变量作为模型的输入进行缺失变量的预测；虚拟变量是一种衍生变量，是通过判断特征值是否有缺失值来定义一个新的二分类变量。

迄今为止，国内外学者提出并发展了多达 30 多种的插补算法（王凤梅等，2012；刘星毅等，2008）。如，基于时间序列、相关特征量分析等概率统计学的算法有：列删法、对删法、均值填充法（Mean Substitution）、回归法（Regression Imputation）、随机回归填补法（Predictive Mean Matching，PMM）、平均同质项目法、热卡填补（Hot Deck Imputation）（又称就近插补）、马尔科夫链蒙特卡罗法（Markov Chain Monte Carlo，MCMC）、最大期望法（Expectation Maximization，EM）、趋势得分法（Propensity Score，PS）、多重插补（Multiple Imputation，MI）、通过链式方程进行的多元插补（Multiple Imputation by Chained Equations，MICE）、极大似然估计（Maximum Likelihood，ML）和粗糙集数据补全法等；基于数据挖掘与机器学习的有：神经网络填补算法（Setiawan N. A. et al.，2008）、决策树填补算法（Vateekul Sarinnapakornk et al.，2009）、贝叶斯（Bayes）网络填补算法（Twala B. et al.，2005）、K-最近邻填补（K-Nearest Neighbor，KNN）算法（Garcia-Laecina P J et al.，2009）、随机森林填补（Random Forest）算法（Breiman，2001）、聚类填补算法（Liao Zaifei et al.，2009）、关联规则填补算法（Wu Jianhua et al.，2007）等。

2. K-最近邻填补算法

K-最近邻算法是一种无监督机器学习的聚类方法，是将所有样本进行聚类划分，然后再通过划分的种类的均值对各自的缺失值进行填补的训练学习算法。简单地说，K-最近邻算法就是通过找相似来填补缺失值的方法。

首先，给定一个训练数据集，对于新的输入实例，在训练数据集中找到与该实例最邻近的 K 个实例。若这 K 个实例的大多数属于某类，就把新输入的实例分类到这一类中。

假定所有的实例对应于 n 维欧氏空间 $\hat{A}_n$ 中的点。一个实例的最近邻就是根据距离来定义的，如采用欧式距离表示，则可形式化定义如下：

设任意的实例 x，用特征向量表示如下：

$$<a_1(x), a_2(x), ..., a_n(x)>$$

式中，$a_r(x)$ 表示实例 x 的第 r 个属性值。那么 2 个实例 x_i 和 x_j 间的距离 $d(x_i, x_j)$ 定义为：

$$d(x_i - x_j) \equiv \sqrt{\sum_{r=1}^{n}[a_r(x_i) - a_r(x_j)]^2} \tag{5.3}$$

算法表示如下：

（1）在最近邻学习中，目标函数值可以为离散值也可以为实值。

（2）我们先考虑学习以下形式的离散目标函数 $f: \hat{A}_n \rightarrow V$。其中 V 是有限集合 $\{v_1, ..., v_s\}$。具体算法表示如下：

在 training_examples 中选出最靠近 x_q 的 K 个实例，并用 $x_1, \cdots, x_K$ 表示，最后，返回：

$$\hat{f}(xq) \leftarrow \arg\max \sum_{i=1}^{k} \delta(v, f(x_i))$$

其中，如果 $a=b$ 那么 $d(a, b)=1$，否则 $d(a, b)=0$。

（3）上述算法中，返回值 $\hat{f}(xq)$ 为对 $f'(x_q)$ 的估计，它就是距离 x_q 最近的 K 个训练样例中最普遍的 f 值。

（4）数量 K 在分析中的作用很大，会造成新实例分类结果的不同。在真正的应用中可指定固定的 K 值，也可由系统根据具体数据自动设置 K 值。如果我们选择 $K=1$，那么"1-近邻算法"就把 $f'(x_i)$ 赋给 $\hat{f}(xq)$，其中 x_i 是最靠近 x_q 的训练实例。对于较大的 K 值，这个算法返回前 K 个最靠近的训练实例中最普遍的 f 值。

逼近离散值函数 $f: \hat{A}_n \rightarrow V$ 的 K-近邻算法

【训练算法】

对于每个训练样例 $<x，f(x)>$，把这个样例加入列表 training_examples。

【分类算法】

给定一个要分类的查询实例 x_q。

对 K-近邻算法离散函数做修改就可被用于逼近连续值的目标函数。我们只要让算法计算 K 个最邻近样本的平均值或者中位数值，即逼近一个实值目标函数 $f: \hat{A}_n \rightarrow V$。公式 $\hat{f}(xq)$ 替换为：

$$\hat{f}(xq) \leftarrow \frac{\sum_{i=1}^{k} f(x_i)}{k} \tag{5.4}$$

目标变量是连续型变量的模型，在这种情况下，目标变量的平均值或者中位数值将作为新的实例目标的预测值。

K-最近邻分类法是先计算待分类数据 $z = (X', Y')$ 和训练集所有训练数据的距离 $\{\text{dist}(X', X_i), X_i \in T\}$，选出 K 个最近邻的训练数据 $D_z \subseteq T$。KNN 的分类策略是将 K 个训练实例的最大类指派为 X' 所在的类 Y'。

$$Y' = \arg\max_{c_i \in C}\{F_{KNN}(c_i)\} = \arg\max_{c_i \in C}\{p(c_i, D_z)\} \qquad (5.5)$$

式中，$|D_z|=K,K\in[1,n]$。对 $\forall X_i, X_j \in T$, $\mathrm{dist}(X', X_i) \leq \mathrm{dist}(X', X_j)$，如果 $X_i \in D_z$，$X_j \notin D_z$，而 $F(c_i)=p(c_i, D_z)$ 为 K 最近邻 D_z 中类标记为 c_i 的分类参量，这里采用的是类 c_i 的在 D_z 中分布 $p(c_i, D_z)$。

具体算法实现如下：

（1）设 K 为最近邻的样本个数，D 为训练数据的集合。

（2）for 每个测试数据 $z = (X', Y')$ {

       ① 计算 z 和每个数据 $(X, Y) \in D$ 之间的距离 $\mathrm{dist}(X', X)$

       ② 选择离 z 最近的 K 个训练数据的集合 $D_z \subseteq D$

       ③ 测试数据根据最近邻中的多数类进行分类

$$Y' = \arg\max_{v \in V} \sum (x_i, y_i) \in D_z I(v = Y_i)$$

       }

其中，v 是类标记，Y_i 是一个最近邻的类标记，$I(\cdot)$ 是指示函数，当参数为真时，则返回 1，否则返回 0。在进行多数表决时，可能存在的多数类不止一个的情况时，则以训练数据集中类标记的数目最多的那个多数类作为分类结果；若类标记数目仍相同，则取满足类标记为最大且距离测试数据最近的那个训练数据所属的类作为分类结果；若最近邻训练数据还不能保证唯一，则在上述基础上随机选取其中一个类标记作为分类结果。

3. 基于 K-最近邻算法的平均相对湿度的插补

一个区域的平均空气湿度具有相邻性，东莞 32 个镇街区面积不大，相邻镇街起伏度差异相对较小，相邻镇街的平均湿度相对比较接近，我们就可用气候背景相同或近似的临近观测台站的资料来对目标台站的缺失资料进行填补。所以本研究采用基于 K-最近邻算法主要考虑距离因子来完成平均相对湿度的缺失值填补。

（1）K 值的确定。

K-最近邻算法中 K 值的大小（即样本数量）决定数据填补质量，如果 K 太大，即会导致平均湿度估算精度降低；反之样本量不足，会导致填补结果缺乏稳定性。考虑到东莞市面积不大，32 个气象观测台站中，站与站之间最远的距离也没超过 30 km，分布比较密集。经过分析，本研究以距离目标台站 15 km 为限选取邻近站点，最后得到的 $K \geq 8$，则只取距离最小的 8 个，最少的最邻近观测站点也达到了 3 个。所以，本研究 K 值的选择范围为 3 ~ 8，具体 K 值由测算出来的结果自动决定。

（2）计算方法。

KNN 算法计算简便，因而应用较广泛，不仅可用于数据分类，还可以用于回归分析，即通过找出给定样本的 K 个最近邻居，将这些邻居的平均湿度的平均值作为该样本的属性值。

（3）误差分析方法。

可采用交叉验证法验证插补值效果：首先，假定每一观测台站的平均湿度值都未知，均采用最近邻台站的平均值、中位值来填补缺失值；然后，计算估算值与实际观测值平均绝对误差（Mean Absolute Error，MAE）、平均相对误差（Mean Relative Error，MRE）。

MAE 可评估插补值可能的误差范围，而 MRE 能反映不同数据量或不同要素的相对误差，可更直观地、定性地给出误差范围。

$$\mathrm{MAE} = \frac{\sum_{i=1}^{n} |V_{oi} - V_{ei}|}{n} \tag{5.6}$$

$$\mathrm{MRE} = \frac{\mathrm{MAE}}{V_{oi}} \tag{5.7}$$

式中，V_{oi} 为第 i 个站点的实际观测值；V_{ei} 为第 i 个站点的插值估算值；n 为临近站点个数。

（4）结果与分析。

本研究获取的数据中，有 7 个镇街的平均湿度数据不全。我们先采用 K-最近邻方法，根据欧式距离（以每个观测点的坐标值计算距离）算出观测站点的 3 ~ 8 个最近邻站点，然后用这些近邻点的平均湿度估算该样本站点的平均湿度。

按照广东《实用性的自然季节划分标准》，一年的季节按以下标准划分：2—3 月划为春季；4—9 月划为夏季；10—11 月划为秋季；12 月至翌年 1

月划为冬季。因季节差异，平均湿度差异较大，我们参照上述划分标准按照一年四季分别对 2、4、10、12 月份得到的预测值进行分析，得到如表 5.9 所示的结果。

表 5.9　月均平均湿度（%）分季节的拟合误差分析

		春季	夏季	秋季	冬季
全市平均值	MAE（%）	0.80	0.84	1.04	1.00
	MRE（%）	1.08	1.12	1.65	1.65
最大值	MAE（%）	1.90	1.90	1.04	1.70
	MRE（%）	2.42	2.63	2.72	3.10
最小值	MAE（%）	0.10	0.10	0.10	0.00
	MRE（%）	0.13	0.12	0.16	0.00

从表 5.9 可看出：从全市平均 MAE 的计算结果看，KNN 最近邻比较稳定地应用于平均湿度的填补，全市各季节平均湿度的 MAE 在 0.8%～1.04%，季节间也没有明显的拟合效果差异；全市的平均 MRE 也在 1.08%～1.65%，没有超过 2%。从最大值的 MAE 和 MRE 计算结果看，分别在 1～2 和 2～3.5，而最小值的 MAE 和 MRE 基本接近 0。

从线性拟合结果图（见图 5.7）可以看出，2 月、4 月、10 月、12 月的计算结果拟合度非常好，置信度也达到了 0.9 以上接近 1，说明 KNN 临近算法对东莞市平均湿度的填补结果能较真实地反映实际的平均湿度，可用于本研究的气候适宜性评价。

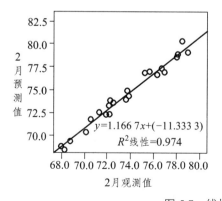
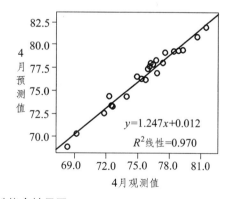

图 5.7　线性拟合结果图

二、数据空间插值处理

在对空间数据插值运算过程中，我们采用 ArcGIS 的地统计和空间分析模块，对每个镇街的观测点的月平均气温运用反距离加权插值法（Inverse Distance Weighted，IDW），对月平均相对湿度运用协同克里金法（Co-Kriging）结合相关性因子——降雨量进行空间内插，对月平均风速与平均日照时数采用普通克里金（OKriging）（指数函数法）进行空间内插，分别生成逐月 1 km×1 km 格网大小的栅格数据。

在上述空间插值中，因相对湿度与降水量具有直接关系，下面对相对湿度采用加平均降水量协同克里金插值算法做简单的分析与探讨。

选取 2015—2020 年 3 月、7 月和 11 月的月均相对湿度，分别选取 64 个样本数和 96 个样本 2 种样本数，运用 IBM SPSS 19.0 软件对 2 种不同样本数基于 K-S 方法进行正态检验的结果如表 5.10、5.11 所示。结果表明，平均相对湿度符合正态分布。

表 5.10　相对湿度 64 个样本 Kolmogorov-Smirnov 检验结果

		相对湿度
N		64
正态参数 [a, b]	均值	73.095 3
	标准差	3.463 02
	绝对值	0.066
最极端差别	正	0.042
	负	-0.066
Kolmogorov-Smirnov Z		0.530
渐近显著性（双侧）		0.942

注：a. 检验分布为正态分布；b. 根据数据计算得到。

表 5.11　相对湿度 96 个样本 Kolmogorov-Smirnov 检验结果

		相对湿度
	N	95
正态参数 [a,b]	均值	70.189 5
	标准差	5.466 60
最极端差别	绝对值	0.092
	正	0.068
	负	−0.092
Kolmogorov-Smirnov Z		0.895
渐近显著性（双侧）		0.400

注：a. 检验分布为正态分布；b. 根据数据计算得到。

再将相对湿度和降水量 2 种变量进行 Person 相关系数分析，得到表 5.12、5.13。从表 5.12、5.13 可以看出，当相对湿度选取了 64 个观测值时，相对湿度和降水量的相关系数为 0.341，在 0.01 水平上显著相关；当相对湿度选取 96 个观测值时，相对湿度和降水量的相关系数为 0.559，在 0.01 水平上显著相关，这说明相对湿度与降水量密切相关，可以将降水量作为提高空气湿度插值精度的辅助变量。

表 5.12　相对湿度和降水量 64 个样本的相关性检验

		相对湿度	降水量
相对湿度	Pearson 相关性	1	0.341[**]
	显著性（双侧）		0.006
	平方与叉积的和	755.529	5 358.050
	协方差	11.993	85.048
	N	64	64
降水量	Pearson 相关性	0.341[**]	1
	显著性（双侧）	0.006	
	平方与叉积的和	5 358.050	326 803.784
	协方差	85.048	5 187.362
	N	64	64

注：**. 表示在 0.01 水平（双侧）上显著相关。

表 5.13　相对湿度和降水量 96 个样本的相关性检验

		相对湿度	降水量
相对湿度	Pearson 相关性	1	0.559**
	显著性（双侧）		0.000
	平方与叉积的和	2 849.470	20 352.883
	协方差	29.994	214.241
	N	96	96
降水量	Pearson 相关性	0.559**	1
	显著性（双侧）	0.000	
	平方与叉积的和	20 352.883	465 972.653
	协方差	214.241	4 904.975
	N	96	96

注：**. 表示在 0.01 水平（双侧）上显著相关。

对各气候要素的观测数据进行空间插值后按镇街统计，结果如表 5.14 所示。

表 5.14　2015—2020 年东莞市各镇街气候因子统计

序号	镇街	平均气温 /°C	平均降水量/mm	平均风速/（m/s）	平均日照时数/h	相对湿度/%
1	麻涌	23.3	1 458.6	1.98	1 938.7	72.9
2	望牛墩	23.3	1 517.1	1.97	1 950.1	69.6
3	中堂	23.3	1 656.5	1.87	1 954.0	67.2
4	高埗	23.3	1 741.9	1.83	1 937.8	68.0
5	石碣	23.3	1 672.9	1.95	1 935.1	69.6
6	石龙	23.3	1 748.5	1.97	1 937.1	69.5
7	石排	23.3	1 876.4	1.98	1 942.1	70.1
8	企石	23.3	1 783.3	1.96	1 937.2	74.2
9	桥头	23.3	1 702.0	1.91	1 928.6	72.8
10	谢岗	23.2	1 894.0	1.89	1 925.8	74.6

续表

序号	镇街	平均气温/°C	平均降水量/mm	平均风速/(m/s)	平均日照时数/h	相对湿度/%
11	洪梅	22.9	1 387.9	1.80	1 926.0	69.2
12	道滘	23.0	1 500.7	1.82	1 924.9	71.6
13	万江	23.1	1 616.3	1.80	1 927.4	68.2
14	莞城	23.3	1 840.7	1.83	1 926.2	70.4
15	东城	22.9	1 884.2	1.87	1 927.7	68.8
16	南城	23.2	1 829.2	1.84	1 933.8	71.8
17	寮步	23.4	1 926.6	1.87	1 930.8	68.0
18	东坑	23.3	1 710.5	1.86	1 928.5	71.3
19	常平	23.4	1 794.6	1.84	1 931.2	72.0
20	沙田	23.3	1 321.3	1.81	1 926.5	66.8
21	厚街	23.1	1 609.1	1.90	1 940.5	64.1
22	大朗	23.3	1 684.6	1.77	1 930.5	72.6
23	黄江	23.3	1 702.9	1.83	1 929.7	71.8
24	樟木头	23.2	1 781.7	1.83	1 928.5	71.9
25	虎门	23.3	1 628.9	1.84	1 934.3	72.9
26	长安	23.2	1 794.3	1.86	1 937.3	71.4
27	塘厦	23.1	1 410.0	1.85	1 933.2	73.6
28	清溪	23.0	1 932.6	1.85	1 929.9	68.5
29	凤岗	23.1	1 586.0	1.84	1 931.3	66.4
30	茶山	22.9	1 942.8	1.89	1 929.2	71.7
31	大岭山	23.5	1 747.5	1.87	1 927.4	72.3
32	横沥	23.3	1 854.9	1.94	1 933.9	71.4
平	均	23.2	1 704.3	1.87	1 933.0	70.5
最	高	23.5	1 942.8	1.98	1 954.0	74.6
最	低	22.9	1 321.3	1.77	1 924.9	64.1

第六节　东莞市人居环境气候适宜性评价

一、东莞市气候适宜性空间分布的特征

从表 5.15 所列出的 THI 值和 K 值结果来看，这 2 种指数的适宜性评价结果非常接近，除个别镇街部分月份 2 种指数划分的结果有较小差异外，大部分镇街的大部分月份划分的等级是一样的。这表明，通过这 2 种指数对东莞市的气候适宜性评价的结果是吻合的。

二、东莞市气候适宜性时间分布的特征

时间上，年内全市 THI 以及 K 值变化较为规律，均呈现出夏高冬低的特征，如图 5.8 所示。根据表 5.8 的分级标准，从年内各月均 THI 和 K 值来看，东莞市全年各地 THI 和 K 值差异较大。全市 32 个镇街的月均 THI 值介于 56.1～81.9，其中最高值出现在 7 月，镇街为大朗、常平和东坑，最低值出现在 1 月的樟木头。K 值介于-413～-7，其中最高值出现在 7 月的麻涌和东坑，最低值出现在 1 月的企石。全市绝大部分镇街一年之中大部分时间的 THI 值和 K 值均处于舒适或较舒适程度，只有 7、8 月居民会感觉闷热不舒适。

各镇街差异较小，其中，6 月的 THI 值（见图 5.9）大于 80 的有万江、麻涌、望牛墩、洪梅、道滘、常平、桥头 7 个镇。因这些镇街大部分人口密度较高且水资源（水田、鱼塘）比较丰富，水蒸气蒸发导致湿度和气温相比稍高一点；4 月 K 值（见图 5.10）小于-200 的有南城、石龙、清溪、沙田、厚街、樟木头 6 个镇，这些镇主要集中在沿海地区和山地片区，风速相对较大。

表 5.15　东莞市镇街 THI 和 K 值分类统计

序号	镇街	1月 THI	1月 K	2月 THI	2月 K	3月 THI	3月 K	4月 THI	4月 K	5月 THI	5月 K	6月 THI	6月 K	7月 THI	7月 K	8月 THI	8月 K	9月 THI	9月 K	10月 THI	10月 K	11月 THI	11月 K	12月 THI	12月 K	年均 THI	年均 K
1	麻涌	4	5	5	5	6	6	7	7	8	7	9	7	9	8	9	8	8	8	7	7	6	6	5	5	7	7
2	望牛墩	4	5	5	5	6	6	7	7	8	7	9	7	9	8	9	8	8	8	7	7	6	6	5	5	7	7
3	中堂	4	5	5	5	6	6	7	7	8	7	8	7	9	8	9	8	8	8	7	7	6	6	5	5	7	7
4	高埗	4	5	5	5	6	6	7	7	8	7	8	7	9	8	9	8	8	8	7	7	6	6	5	5	7	7
5	石碣	4	5	5	5	6	6	7	7	8	7	8	7	9	8	9	8	8	8	7	7	6	6	5	5	7	7
6	石龙	4	5	5	5	5	6	7	6	8	7	8	7	9	8	9	8	8	8	7	7	6	6	5	5	7	7
7	石排	4	5	5	5	6	6	7	7	8	7	8	7	9	8	9	8	8	8	7	7	6	6	5	5	7	7
8	企石	4	5	5	5	6	6	7	7	8	7	8	7	9	8	9	8	8	8	7	7	6	6	5	5	7	7
9	桥头	4	5	5	5	6	6	7	7	8	7	9	7	9	8	9	8	8	8	7	7	6	6	5	5	7	7
10	谢岗	4	5	5	5	6	6	7	7	8	7	8	7	9	8	9	8	8	8	7	7	6	6	5	5	7	7
11	洪梅	4	5	5	5	6	6	7	7	8	7	9	7	9	8	9	8	8	8	7	7	6	6	5	5	7	7
12	道滘	4	5	5	5	6	6	7	7	8	7	9	7	9	8	9	8	8	8	7	7	6	6	5	5	7	7
13	万江	4	5	5	5	6	6	7	7	8	7	9	7	9	8	9	8	8	8	7	7	6	6	5	5	7	7
14	莞城	4	5	5	5	6	6	7	7	8	7	8	7	9	8	9	8	8	8	7	7	6	6	5	5	7	7
15	东城	4	5	5	5	6	6	7	7	8	7	8	7	9	8	9	8	8	8	7	7	6	6	5	5	7	7
16	南城	4	5	5	5	6	6	7	6	8	7	8	7	9	8	9	8	8	8	7	7	6	6	5	5	7	7

续表

序号	镇街	1月		2月		3月		4月		5月		6月		7月		8月		9月		10月		11月		12月		年均	
		THI	K	THI	K	THI	K	THI	K	THI	K	THI	K	THI	K	THI	K	THI	K	THI	K	THI	K	THI	K	THI	K
17	莞步	4	5	5	5	6	6	7	7	8	7	8	7	9	8	9	8	8	8	7	7	6	6	5	5	7	7
18	东坑	4	5	5	5	6	6	7	7	8	7	8	7	9	8	9	8	8	8	7	7	6	6	5	5	7	7
19	常平	4	5	5	5	6	6	7	7	8	7	9	7	9	8	9	8	8	8	7	7	6	6	5	5	7	7
20	沙田	4	5	5	5	6	6	6	7	8	7	8	7	9	8	9	8	8	8	7	7	6	6	5	5	7	7
21	厚街	4	5	5	5	6	6	6	7	8	7	8	7	9	8	9	8	8	8	7	7	6	6	5	5	7	7
22	大朗	4	5	5	5	6	6	7	7	8	7	8	7	9	8	9	8	8	8	7	7	6	6	5	5	7	7
23	黄江	4	5	5	5	6	6	7	7	8	7	8	7	9	8	9	8	8	8	7	7	6	6	5	5	7	7
24	樟木头	4	5	5	5	6	6	6	7	8	7	8	7	9	8	9	8	8	8	7	7	6	6	5	5	7	7
25	虎门	4	5	5	5	6	6	7	7	8	7	8	7	9	8	9	8	8	8	7	7	6	6	5	5	7	7
26	长安	4	5	5	5	6	6	7	7	8	7	8	7	9	8	9	8	8	8	7	7	6	6	5	5	7	7
27	塘厦	4	5	5	5	6	6	7	7	8	7	8	7	9	8	9	8	8	8	7	7	6	6	5	5	7	7
28	清溪	4	5	5	5	6	6	7	7	8	7	8	7	9	8	9	8	8	8	7	7	6	6	5	5	7	7
29	凤岗	4	5	5	5	6	6	7	7	8	7	8	7	9	8	9	8	8	8	7	7	6	6	5	5	7	7
30	茶山	4	5	5	5	6	6	6	7	8	7	8	7	9	8	9	8	8	8	7	7	6	6	5	5	7	7
31	大岭山	4	5	5	5	6	6	7	7	8	7	8	7	9	8	9	8	8	8	7	7	6	6	5	5	7	7
32	横沥	4	5	5	5	6	6	7	7	8	7	8	7	9	8	9	8	8	8	7	7	6	6	5	5	7	7

注：表中数字是按表 5.11 的标准划分的 9 个等级值。

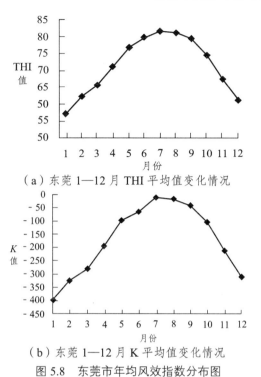

（a）东莞 1—12 月 THI 平均值变化情况

（b）东莞 1—12 月 K 平均值变化情况

图 5.8 东莞市年均风效指数分布图

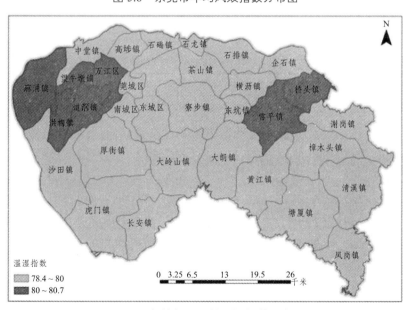

图 5.9 东莞市 6 月份温湿指数分布图

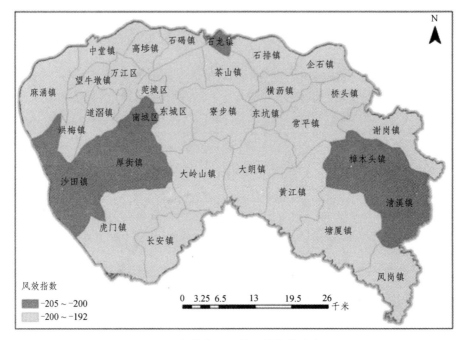

图 5.10　东莞市 4 月份风效指数分布图

表 5.16 和表 5.17 分别表示东莞市各镇街 1—12 月以及年均温湿指数值和年均风效指数值以及统计结果。

表 5.16　东莞市各镇街 1—12 月以及年均 THI 值

序号	镇街	1月	2月	3月	4月	5月	6月	7月	8月	9月	10月	11月	12月	年均
1	麻涌	56.9	62.0	65.5	71.5	77.6	80.6	81.7	81.3	79.4	74.0	67.5	61.0	71.5
2	望牛墩	56.7	61.9	65.4	71.4	76.9	80.6	81.4	81.2	79.6	74.4	67.2	61.1	71.3
3	中堂	56.8	61.9	65.5	71.0	76.6	79.8	81.5	81.1	79.6	74.3	67.3	61.0	71.2
4	高埗	56.9	62.0	65.4	71.1	76.4	79.7	81.5	81.2	79.6	74.3	67.3	60.9	71.3
5	石碣	56.7	62.0	65.3	71.2	76.6	79.4	81.5	81.1	79.5	74.2	67.1	60.7	71.1
6	石龙	56.3	61.2	65.0	70.6	76.1	79.4	81.1	80.5	79.1	73.8	66.8	60.4	70.7
7	石排	56.5	61.9	65.2	70.8	76.2	78.8	81.3	80.9	79.3	73.8	67.3	61.0	70.9
8	企石	56.3	61.6	65.3	71.3	76.6	79.6	81.4	81.0	79.4	74.0	66.9	60.5	71.0
9	桥头	56.9	62.2	65.4	71.6	76.4	80.1	81.8	81.4	80.0	74.2	67.3	60.9	71.3
10	谢岗	56.6	61.8	65.3	71.3	76.4	79.9	81.6	80.8	79.8	74.3	67.1	61.0	71.2

续表

序号	镇街	1月	2月	3月	4月	5月	6月	7月	8月	9月	10月	11月	12月	年均
11	洪梅	56.7	61.7	65.2	71.4	77.3	80.5	81.6	81.3	79.2	74.2	67.3	61.4	71.4
12	道滘	56.7	61.8	65.3	71.1	77.1	80.3	81.4	81.1	79.2	74.4	67.3	61.2	71.3
13	万江	56.8	62.1	65.3	71.2	76.8	80.7	81.3	81.1	79.4	74.4	67.3	61.0	71.3
14	莞城	57.2	62.5	65.7	71.3	77.0	79.5	81.7	81.3	79.6	74.8	67.6	61.2	71.5
15	东城	56.9	62.0	65.4	71.0	76.6	79.4	81.5	81.1	79.4	74.4	67.4	61.0	71.2
16	南城	56.4	61.6	65.0	70.4	76.1	79.0	80.8	80.4	78.7	74.1	66.9	60.7	70.7
17	寮步	56.9	62.1	65.5	70.9	76.6	79.4	81.8	81.2	79.7	74.5	67.6	61.2	71.3
18	东坑	57.0	62.2	65.7	71.1	76.7	79.7	81.9	81.3	79.9	74.8	67.7	61.2	71.5
19	常平	57.4	62.5	65.7	71.3	76.8	80.3	81.9	81.5	79.9	74.9	67.8	61.4	71.6
20	沙田	57.0	61.7	65.1	70.8	76.7	79.7	81.3	80.8	79.1	74.0	67.5	61.3	71.2
21	厚街	56.6	61.6	65.1	70.5	76.1	79.2	81.1	80.7	79.1	73.9	67.3	61.0	70.9
22	大朗	57.1	62.2	65.6	71.0	76.9	79.7	81.9	81.3	79.7	74.8	67.6	61.3	71.5
23	黄江	57.1	62.2	65.7	70.9	76.6	79.1	81.8	81.2	79.6	74.8	67.5	61.2	71.3
24	樟木头	56.1	61.7	65.4	70.9	76.2	79.2	81.5	80.8	79.4	74.8	67.0	60.8	71.0
25	虎门	57.3	61.9	65.5	71.0	76.5	79.9	81.3	81.0	79.2	74.5	67.7	61.5	71.4
26	长安	57.5	62.4	65.6	71.1	76.8	79.9	81.4	81.1	79.3	74.4	67.7	61.3	71.4
27	塘厦	57.3	62.1	65.7	71.0	76.6	79.3	81.7	80.9	79.4	74.8	67.7	61.4	71.4
28	清溪	57.1	62.2	65.6	70.8	76.1	78.4	81.6	80.0	78.8	74.3	67.0	60.8	71.0
29	凤岗	57.5	62.0	65.5	70.3	75.9	78.6	81.3	80.4	78.9	74.2	67.8	61.5	71.1
30	茶山	56.6	61.9	65.3	71.1	76.6	79.4	81.6	81.0	79.4	74.2	67.2	60.8	71.1
31	大岭山	57.1	62.1	65.5	71.0	76.9	79.6	81.7	81.2	79.5	74.7	67.7	61.3	71.4
32	横沥	56.9	62.1	65.7	71.2	76.9	79.9	81.8	81.3	79.9	74.8	67.6	61.2	71.4
平	均	56.9	62.0	65.4	71.0	76.6	79.6	81.5	81.0	79.4	74.4	67.4	61.1	71.2
最	高	57.5	62.5	65.7	71.6	77.6	80.7	81.9	81.5	79.9	74.9	67.8	61.5	71.6
最	低	56.1	61.2	65.0	70.3	75.9	78.4	80.8	80.0	78.7	73.8	66.8	60.4	70.7
标 准 差		0.35	0.28	0.21	0.3	0.37	0.57	0.26	0.33	0.32	0.32	0.28	0.28	0.23

表 5.17　东莞市各镇街 1—12 月以及年均 K 值

序号	镇街	1月	2月	3月	4月	5月	6月	7月	8月	9月	10月	11月	12月	年平均
1	麻涌	−399	−330	−283	−196	−98	−63	−7	−10	−44	−104	−212	−315	−172
2	望牛墩	−400	−329	−282	−195	−100	−65	−11	−15	−40	−101	−216	−315	−173
3	中堂	−401	−328	−280	−196	−101	−65	−10	−16	−40	−102	−214	−313	−172
4	高埗	−400	−324	−282	−195	−103	−62	−10	−15	−39	−101	−213	−311	−171
5	石碣	−403	−324	−283	−194	−101	−65	−11	−17	−42	−104	−217	−315	−173
6	石龙	−406	−330	−285	−202	−108	−68	−19	−26	−50	−112	−222	−316	−179
7	石排	−407	−324	−285	−200	−104	−72	−17	−23	−46	−110	−218	−314	−176
8	企石	−413	−329	−289	−196	−103	−70	−17	−23	−50	−117	−224	−325	−179
9	桥头	−402	−321	−284	−195	−99	−64	−12	−19	−42	−109	−219	−319	−173
10	谢岗	−403	−327	−286	−198	−101	−66	−15	−25	−41	−112	−221	−317	−175
11	洪梅	−402	−333	−286	−196	−96	−62	−8	−10	−44	−103	−217	−308	−173
12	道滘	−401	−332	−284	−198	−99	−64	−13	−15	−43	−101	−216	−312	−174
13	万江	−398	−325	−281	−196	−101	−66	−12	−17	−40	−102	−213	−315	−173
14	莞城	−392	−316	−276	−192	−99	−66	−8	−13	−36	−97	−207	−301	−167
15	东城	−399	−322	−280	−195	−100	−67	−11	−16	−40	−101	−211	−308	−171
16	南城	−404	−331	−286	−205	−109	−74	−23	−26	−49	−110	−220	−320	−180
17	寮步	−399	−320	−278	−194	−97	−66	−8	−15	−38	−100	−211	−310	−169
18	东坑	−403	−322	−280	−194	−96	−65	−7	−15	−36	−101	−212	−309	−169
19	常平	−395	−317	−283	−193	−96	−64	−11	−14	−40	−106	−210	−313	−169
20	沙田	−399	−334	−287	−201	−99	−66	−11	−15	−41	−102	−214	−312	−173
21	厚街	−403	−333	−284	−201	−103	−66	−15	−20	−43	−105	−217	−313	−175
22	大朗	−398	−320	−280	−196	−96	−65	−11	−15	−40	−103	−211	−314	−169
23	黄江	−395	−321	−280	−199	−97	−66	−15	−18	−43	−106	−215	−315	−171
24	樟木头	−410	−329	−285	−201	−103	−72	−17	−24	−46	−105	−222	−320	−177
25	虎门	−391	−329	−281	−200	−101	−62	−12	−16	−38	−100	−211	−307	−170
26	长安	−389	−322	−278	−197	−99	−63	−17	−16	−40	−104	−211	−310	−170

续表

序号	镇街	1月	2月	3月	4月	5月	6月	7月	8月	9月	10月	11月	12月	年平均
27	塘厦	-390	-322	-279	-197	-97	-67	-14	-19	-42	-104	-211	-310	-170
28	清溪	-394	-322	-281	-202	-97	-76	-12	-30	-49	-105	-222	-319	-175
29	凤岗	-387	-323	-280	-198	-101	-67	-18	-21	-44	-107	-210	-309	-172
30	茶山	-403	-322	-282	-195	-101	-68	-11	-20	-44	-106	-217	-311	-173
31	大岭山	-394	-320	-277	-197	-97	-65	-11	-15	-38	-99	-209	-309	-168
32	横沥	-403	-322	-282	-194	-97	-66	-10	-16	-40	-103	-214	-313	-171
平 均		-399	-325	-282	-197	-100	-66	-13	-19	-42	-104	-215	-313	-173
最 高		-387	-316	-276	-192	-96	-62	-7	-10	-36	-97	-207	-301	-167
最 低		-413	-334	-289	-205	-109	-76	-23	-30	-50	-117	-224	-325	-180
标准差		5.94	4.89	3.07	3.06	3.27	3.33	3.78	4.71	3.77	4.32	4.42	4.67	3.23

三、东莞市气候适宜性总体评价

将东莞市人居环境气候适宜性分为 6 类，即高度适宜区、比较适宜区、一般适宜区、临界适宜区、不适宜区以及极不适宜区。

（1）高度适宜区：温湿指数在 55～60，风效指数在-800～-600，平均气温介于 4 ℃～23 ℃，清凉、舒适，相对而言人体高度适宜。

（2）比较适宜区：温湿指数在 60～65，风效指数在-600～-300，平均气温在 4 ℃～25 ℃，凉、非常舒适，相对而言人体比较适宜。

（3）一般适宜区：温湿指数在 65～70，风效指数在-300～-200，平均气温在 4 ℃～26 ℃，暖、舒适，相对而言人体一般适宜。

（4）临界适宜区：温湿指数在 70～75，风效指数在-200～-50，平均气温在 3 ℃～27 ℃，偏热、较舒适，相对而言人体处于临界适宜状况。

（5）不适宜区：温湿指数在 75～80，风效指数在-50～80，平均气温高于 27 ℃，闷热、不舒适，不适宜人居住。

（6）极不适宜区：温湿指数大于 80，风效指数大于 80，平均气温高于

表 5.18 东莞市各镇街气候适宜性等级时空分布统计

适宜等级	温湿指数 THI 风效指数 K	1月	2月	3月	4月	5月	6月	7月	8月	9月	10月	11月	12月
高度适宜区	THI: 55~60	全部											全部
	K: -800~-600		全部										全部
比较适宜区	THI: 60~65	全部	全部										
	K: -600~-300		全部	全部									
一般适宜区	THI: 65~70			全部								全部	
	K: -300~-200			全部	注①							全部	
临界适宜区	THI: 70~75					全部					全部		
	K: -200~-50				其余 26 个	全部	全部				全部		
不适宜区	THI: 75~80						其余 25 个	全部	全部	全部			
	K: -50~80							全部	全部	全部			
极不适宜区	THI: >80						注②	全部	全部	全部			
	K: >80												

注：① 南城、石龙、清溪、沙田、厚街、樟木头；② 万江、麻涌、望牛墩、洪梅、道滘、常平、桥头。

27 ℃，极其闷热、极不舒适，极不适宜人居住。

从东莞市各镇街气候适宜性等级时空分布统计（见表 5.18）分析，因东莞市面积不大且地形起伏度小，32 个镇街 12 个月的月均 THI 值的标准差介于 0.21～0.57，12 个月的月均 K 值的标准差介于 3.06～5.94，除了 6 月的 THI 和 4 月的 K 值存在较小差异外，其余月份各镇街基本处于同一等级。表 5.16 和表 5.17 的结果显示，各镇年均 THI 介于 70.7～71.2，全市 THI 均值为 71.6，总体属于临界适宜区（70～75）；各镇年均 K 值介于-180～-173，全市 K 均值为-167，总体属于临界适宜区（-200～-50）。

从东莞市 32 个镇街的 THI 和 K 月均值统计结果（见表 5.19 和表 5.20）对全年 12 个月进行分月分析，1—2 月 2 个月气候比较温暖，平均温度在 14 ℃～17 ℃，降雨也较少，属于高度适宜或比较适宜月份；进入 3 月，降雨开始，气候潮湿，常有回南天发生，温度回升甚至出现高于 30 ℃ 的天气，月均气温介于 23 ℃～26.1 ℃，3—5 月 3 个月处于一般适宜区或临界适宜区因东莞地处华南；因夏季气温偏高、台风、下雨比较多，6—9 月月均气温高于 27 ℃，6—9 月 4 个月 THI 属于不适宜或极不适宜月份，K 属于临界适宜或不适宜月份；进入 10 月份后，气温回落，月均气温介于 16 ℃～25.1 ℃，降雨量大幅减少，相对比较干燥，对人体而言比较舒适，10、11、12 月分别属于临界适宜、一般适宜和比较适宜月份。从 12 月开始至次年 2 月，东莞属于比较适宜区和高度适宜区，说明冬天非常舒适，也说明东莞是一个养老的好地方。

东莞市 43 年的年均 THI 分布图（见图 5.11）和 K 值分布图（见图 5.12）显示，从区域分布来看，莞城、万江、东城、横沥、常平、东坑、大朗、大岭山、塘厦等镇街的 THI 和 K 值相对较高，大部分属于东莞中心区域和人口密度相对较高的区域；清溪、樟木头、谢岗、沙田、厚街、南城、石龙、石排和企石等山片区和沿海镇街相对较低，人口密度也相对较低，植被覆盖较好或水资源较丰富，气温会相对低一点，湿度相对高一点，特别是 6—9 月相对凉快一点。

表 5.19 东莞市 32 镇街 THI 值分段个数统计

1月	2月	3月	4月	5月	6月	7月	8月	9月	10月	11月	12月	年平均	范围	感觉程度
32	0	0	0	0	0	0	0	0	0	0	0	0	55~60	清凉，舒适
0	32	0	0	0	0	0	0	0	0	0	32	0	60~65	凉，非常舒适
0	0	32	0	0	0	0	0	0	0	32	0	0	65~70	暖，舒适
0	0	0	32	0	0	0	0	0	32	0	0	32	70~75	偏热，较舒适
0	0	0	0	32	25	0	0	32	0	0	0	0	75~80	闷热，不舒适
0	0	0	0	0	7	32	32	0	0	0	0	0	>80	极其闷热，极不舒适

表 5.20 东莞市 32 镇街 K 值分段个数统计

1月	2月	3月	4月	5月	6月	7月	8月	9月	10月	11月	12月	年平均	范围	感觉程度
32	32	0	0	0	0	0	0	0	0	0	32	0	-600~-300	凉，非常舒适
0	0	32	6	0	0	0	0	0	0	32	0	0	-300~-200	暖，舒适
0	0	0	26	32	32	0	0	0	32	0	0	32	-200~-50	偏热，较舒适
0	0	0	0	0	0	32	32	32	0	0	0	0	-50~80	闷热，不舒适

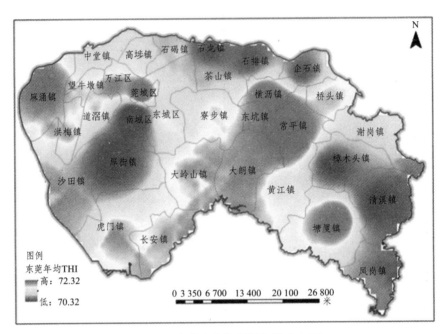

图 5.11　东莞市年均温湿指数分布图

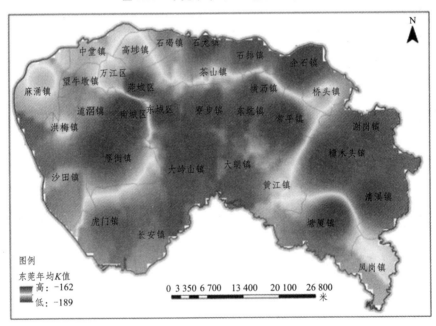

图 5.12　东莞市年均风效指数分布图

　　从总体上说，东莞市整体人居环境气候适宜性较高，各镇街的温湿指数和风效指数的差别较小，人居环境气候适宜性区域差距不明显，除了 6—9 月 5 个月较闷热、不舒适外，其余 7 个月都比较舒适，特别是 12 月至次年的 2 月。各等级的气候适宜性分区与人口空间分布情况基本一致。因此，从人居环境适宜性整体评价的角度来看，气候适宜性并不构成该区域人居环境适宜性的限制因素。

第六章

东莞市水文适宜性研究

第一节　水文适宜性研究的意义

　　水是人类生命之源、生态之基、聚居之本、生产之要。人们选择居所时，居住区的水资源环境已逐渐成为不可或缺的必要条件，也是城乡人居建设与发展的基本需求。区域水文条件指的是区域自然地理环境中，水的各种现象的发生、发展及其相互关系和规律性，水文要素主要包括降水量、蒸发量、径流量、水位、含沙量、水温、水质和冰期等诸多方面。作为人居环境中的自然要素之一，一方面，水文会受地形、气候、植被等自然要素的影响，另一发面，水文不但会直接或间接地影响地形、气候、植被、土壤等自然要素，而且还会对区域的人口、社会、经济、生产、居住、生活等产生较为广泛和深刻的影响。水文条件在自然因素内部中具有相互联系的纽带作用，加之其本身的复杂性和对其他自然因素产生广泛而深刻的影响，所以，水文条件在区域人居环境自然适宜性中具有特殊的地位和作用，水文适宜性研究就成为人居环境自然适宜性中非常重要的一部分，在对区域水文条件的调查、评价和研究的基础上，进而分析研究水文条件对人居环境自然适宜性影响的等级及在人居环境自然适宜性综合评价中的地位和作用。

第二节　水文适宜性国内外研究现状

　　对水文单因子适宜性的研究比较少，李鑫等（2008）从年降水量和水域面积对湘北地区水文条件进行评价；陈灏等（2019）以流域月降水量、蒸发量、平均径流量以及水库平均蓄水量作为输入变量并运用主成分分析法提出了一个能够综合反映流域水资源量的指数 AWRI，并科学评价汉江上游水资源量的年际变化情况。在人居环境自然适宜性研究中，大部分学者都有涉及水文适宜性的研究，大部分基于水文指数对水文适宜性进行评价。

第三节　水文指数及其评价标准

一个区域的水资源丰缺程度主要通过此区域的水域（河流、湖泊、水库）面积与降水量的比重来表征，其中，降水量体现了区域的外界自然给水能力的大小，水域面积表征了区域本身的集水与汇水能力的强弱。本研究从实际情况出发，根据研究需要，综合考虑定量评价的可操作性和数据的可获取性，选取水文条件中的降水量和水域面积作为东莞市水文适宜性评价的指标。

水文指数的具体计算公式为

$$\mathrm{WRI} = \alpha P + \beta W_a \qquad\qquad (6.1)$$

式中，WRI 为水文指数，P 为归一化的降水量，W_a 为归一化的水域面积，这 2 个归一化值均是采用极差标准化得到的，其取值范围为[0，1]，α 和 β 分别为降水量与水域比例的权重。

α 和 β 的求解方法较多，尹晓科（2010）通过应用曲线回归的方法，调用人口密度，将 P 和 W_a 在 SPSS 软件中拟合得到 α 和 β 的值，对湖南省的水文适宜性进行了评价；罗洁琼（2013）通过曲线回归，在 SPSS 软件中输入奉节县和巫山县各乡镇的人口密度、归一化的年降水量、水域面积比例均值进行曲线拟合，得到以人口密度为因变量，归一化的年降水量、水域面积比例均值为自变量的拟合方程中两者的系数，再确定 α 和 β 的值。

本研究借用上述曲线回归的方法来确定权重系数 α 和 β 的值，以东莞市各镇街的人口密度为因变量，在 SPSS 软件中分别以归一化的年均降水量和归一化的水域面积值为自变量，得到的拟合方程中，归一化年均降水量均值的系数为 0.186，归一化的水域面积值的系数为 0.046，即两个自变量的比值约为 4/1，所以系数 α 和 β 的值分别设定为 0.8 和 0.2。

将求出的水文指数等级划分为 5 个等级，如表 6.1 所示。

表 6.1　水文指数适宜性划分等级

等级	水文指数（WRI）	特征描述
Ⅰ 不适宜	WRI≤0.18	主要为缺水的干旱地区
Ⅱ 临界适宜	0.18<WRI≤0.398	主要为少水的半干旱地区
Ⅲ 一般适宜	0.398<WRI≤0.624	主要为半湿润易干区
Ⅳ 中度适宜	0.624<WRI≤0.740	主要为水资源丰富的湿润区
Ⅴ 高度适宜	WRI>0.740	主要为多水的湿润区

资料来源：朱邦耀，等.《基于 RS 和 GIS 的吉林省人居环境自然适宜性评价》，《国土资源遥感》2013 年第 25 卷第 14 期。

第四节　东莞市水文条件概况

东莞地处珠三角腹地，有海岸线 115.94 km（含内航道），主航道岸线 53 km，东莞市水域总面积 340.62 km²，其中，海域面积 102.88 km²，江河水域面积 138.67 km²，海水养殖面积 6.78 km²，淡水养殖面积 92.29 km²。境内，有一江两大河，即东江和石马河、寒溪水，其中 96%属东江流域。表 6.2 为东莞市水系概况。

表 6.2　东莞市水系概况

东江流域（北边入，自东向西，经企石至石龙，东莞境内长32 km）	在石龙头分	北干流	经石碣、高埗、中堂，在麻涌镇大盛流入狮子洋，河长 41 km
			石龙镇为顶点的三角洲，面积为 319.5 km²
		南支流	经峡口、樟村、莞城、道滘、沙田，在泗盛流入狮子洋，河长 42.7 km
东江支流		石马河	发源于深圳市宝安大脑壳山，流经本市塘厦、樟木头、常平旗岭，从桥头新开河流入东江，河长 88 km，其中在本市境内有 76 km，流域面积 1 249 km²，其中在本市境内 673 km²，是全市雨量最多、径流最大的地区
		寒溪水	发源于大屏嶂之观音山，流经黄江、常平、茶山，在峡口流入东江南支流，河长 59 km，流域面积 720 km²

据《东莞市 2019 年水资源公报》，2019 年，全年降水总量 47.71 亿 m³，东莞水资源总量 24.74 亿 m³，比多年均值多 19.17%。地表水资源量 24.48 亿 m³，地下水资源量 4.15 亿 m³，各类供水工程实际供水量 19.75 亿 m³（含微咸水），人均年综合用水量 234.4 m³。与全国相比，年降雨量为全国均值的 2.97 倍，单位面积水资源量为全国均值的 3.02 倍，略低于广东省的平均水平，如表 6.3 所示。

表 6.3 东莞市与全国、广东省的水资源量比较表

项　　目	年均降水量/mm	地表水资源/亿 m³	地下水资源量/亿 m³	水资源总量/亿 m³	人均水资源量/m³	人均综合用水量/m³
东莞市	1 935.3	24.48	4.15	24.74	278	234.4
广东省	1 993.6	2 058.3	508.2	2 068.2	1 808.9	361
全　　国	651.3	27 993.3	8 191.5	29 041	2 077.7	431
东莞相比广东	0.97	0.01	0.01	0.01	0.15	0.65
东莞相比全国	2.97	—	—	—	0.13	0.54

注：上表各项指标摘自或基于以下文献计算得出：《2019 年中国水资源公报》《2019 年广东省水资源公报》和《2019 东莞市水资源公报》。

东莞市水资源包括以下 3 个方面的特点（数据来源：2019 年水资源公报）：

第一，可利用水资源总量相对丰富，但本地水资源缺乏，主要依靠过境水资源，人均水资源偏低。多年平均本地水资源总量 20.76 亿 m³，过境东江水资源量 237.5 亿 m³，本地水资源量占可利用水资源量不到 10%。另外，因外来人口比例全国最高、人口密度最大，常住人口按 846.45 万计算，人均当地水资源量仅为 245.26 m³，既低于《城镇节水工作指南》对缺水城市的定义，又低于国际公认的缺严重水线 500 m³/人。

第二，水系发达、水库众多、水域面积广，全市范围内水资源供需基本平衡，但各镇街供需状况不同，水质性缺水问题较普遍。全市有小（二）型（总库容 10 万 m³ 以上不满 100 万 m³）以上水库 122 座，总库容量 4.05 亿 m³。其中，有小（二）型水库 77 座，总库容 0.37 亿 m³；小（一）型水

库（总库容 100 万 m³ 以上不满 1 000 万 m³）44 座，总库容 1.54 亿 m³；中型水库（总库容 1 000 万 m³ 以上不满 1 亿 m³）8 座（同沙水库、松木山水库、横岗水库、黄牛埔水库、茅輋水库、契爷石水库、虾公岩水库、雁田水库），总库容 2.19 亿 m³。大部分水库利用在发电、河田灌溉以及居民用水等方面。近年来，受水环境恶化及咸水线上溯影响，沿海片、水乡片水质性缺水更为严重。目前，全市供水量中 90% 是东江水，清溪、谢岗、樟木头、大朗、黄江等镇以水库供水为主、东深抽水为辅，其余各镇都以抽或调东江水为主。总的来说，过分依赖于东江过境水。

第三，降雨径流分布不均，年际间相差较大，年内相对集中。1978—2020 累年平均降水量为 1 945.7 mm，年降水量最多是 2008 年的 2 710.9 mm，最少是 1991 年为 1 219.6 mm，相差 2.22 倍。年内降雨主要集中在 4—9 月，占全年降雨的 82.5% 以上。1978—2020 年东莞市月降水量分布情况如图 6.1 所示，雨量分布呈"双峰型"。

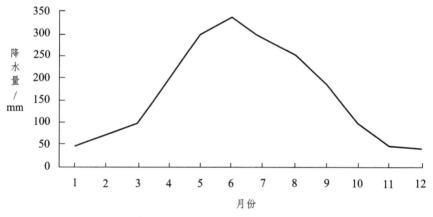

图 6.1 1978—2020 年东莞市月降水量分布情况

第五节 基于 DEM 和 Arc Hydro 模型的水文信息的提取

当前，绝大多数的水文信息提取和子流域的划分大多是基于 DEM（数字高程模型）来实现的。DEM 是高程 Z 关于平面坐标（x，y）自变量的连续函数，通过等高线或相似立体模型进行数据采集内插形成，主要用于描述区域地貌形态的空间分布。DEM 数据主要包括 Grid、TIN 和等高线 3 种数据格式，其中 Grid 是水文分析和模拟的常用格式。基于 DEM 的水文数据提取的主要内容是利用水文分析工具提取水流径流模型的水流方向的确定、汇流累积量的计算、水流长度、河网提取（包括河流网络的分级等）以及对研究区的水系进行分割等，最终完成研究区基本水文因子的提取和分析。其中，河网（集水区）面积阈值的设定会影响提取结果的准确度，需多次试验比较分析最终得出结果。

一、基于 DEM 的水文信息提取的国内研究现状

国内众多学者基于 DEM 的水文信息（特征）的提取做了大量的实证研究。张树君等（2014）利用 ArcGIS 的水文分析模块基于 DEM 对泾河流域河网水系进行自动提取；彭培（2015）针对从 DEM 中提取河流水系时出现的平行伪河道及河道裁弯取直现象，应用 AGREE 算法对输入的数字化河流水系对 DEM 进行调整，提取湖北省阳新县水洗；郭力宇等（2016）利用 ArcGIS 水文模块分析工具基于 SRTM DEM 数据对汾河流域特征进行提取，再通过计算汇流累积量确定集流阈值提取河网等路径提取出汾河流域水系特征、流域子流域划分；罗大游等（2017）提出求解河网密度变化率等于集水阈值变化率的数值方法，得到适宜的集水阈值并利用 ArcGIS 水文分析模块对研究区流域 DEM 数据完成河网水系自动提取；胡应剑（2018）以窗口局部趋势面计算出研究区内的曲率，在分析区域内的水流聚合度和发散性随曲率的变化情况的基础上，再根据水流方向算法基于 DEM 数据提取河网；郑倩等（2019）基于 Agree 算法和 Burn-in 算法下的提取河网解决了类似平原灌区的提取数字河网出现的问题；宁忠瑞等（2020）利用 Arc Hydro Tools 模型并结合 AGREE 算法进行 DEM 修正，基于 AETER GDEM 数据提取了塔里木河流域河网；徐海军等（2021）基于 DEM 数据利用 ArcGIS ArcHydro Tools 提取流域的边界和水系。

二、基于 AGREE 算法改进的 Arc Hydro 水文特征的提取

Arc Hydro 是 ArcGIS 基于 Geo Database 的数据格式，结合了空间和时间的水文数据模型，可用于区域水文信息的分析和模拟。与常用于水文信息提取的最陡坡度法（即 D8）算法类似。D8 算法的基本思想：以 3×3 个网格为计算单元，对于每一个网格，水流方向为水流离开网格的指向，通过计算中心网格与邻域网格的最大距离权落差（即中心网格与邻域网格的高程差与其距离的比值最大）来确定水流方向，以窗口的形式来遍历 DEM，并确定每个窗口的水流方向，最后得到整个 DEM 的水流方向。

Arc Hydro 提取水文信息包括 4 步：DEM 预处理和校正→确认水流方向→生成汇流累积栅格图→提取河网、划分出流域和子流域。对于高程差不大的地势平坦地区，因其水系大多为人工开挖而成，基于 DEM 河网提取常受到洼地效应和平地效应的影响，会出现河网提取部分河道断裂、平行河道的生成以及末端支流的提取未果等造成的子流域划分结果与实际轨迹不符等现象，常规的 DEM 预处理方法已不适用。根据前面起伏度的研究结果可以看出，东莞属于地势平缓地区，为了提高结果的提取得到的水系更逼近于真实水系河网，对上述步骤，本研究采用了根据矢量河流数据降低与矢量线重叠的格网高程值的 Agree 算法来改进调整 DEM 后再用于后续的提取操作。

Agree 算法主要通过降低矢量河网重叠的栅格部分高程达到汇水目的，以矢量线为基准进行缓冲区分析（郑倩等，2019；彭培等，2015）。算法主要包括 buffer（缓冲区）、smooth（平滑）和 sharp（增益）3 个参数。其中，buffer：缓冲区宽度，表示矢量河道所在格网两侧缓冲区栅格个数；smooth：平滑参数，从缓冲区边界到河道所在栅格之间的缓冲区栅格的高度差，平滑处理就是将缓冲区栅格的高程从缓冲区边界向河道逐格降低，buffer 和 smooth 决定各栅格降低的高度，从而使河道及周边的地势呈 "V" 字形，确保水流将汇到河道栅格处；平滑处理后，根据给定的 sharp 值降低河道所在栅格的高程（张维等，2012），以实现利用数字化河道修正 DEM 的目标。

上述 3 个参数根据具体地形（本研究的参照依据是等值线图）进行设置。

　　提取的河网与流域实际情况能否吻合，取决于 DEM 能否反映流域地形的实际情况及所采用的集水面积阈值的大小。本研究运用 Arc Hydro 模型，以分辨率为 90 m 的 SRTM DEM 为数据源（见图 6.2），以东莞市 1∶25 万水系矢量数据为参照，分别在 1 000 m²、2 000 m² 和 3 000 m² 3 个不同集水面积阈值下进行河网提取。

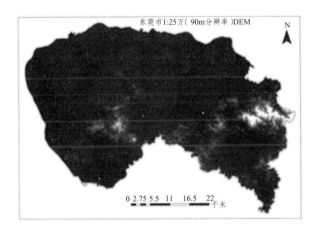

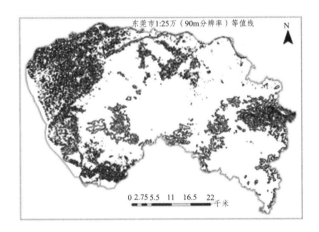

图 6.2　东莞市 1∶25 万 DEM 和等值线图

具体流程如图 6.3 所示。

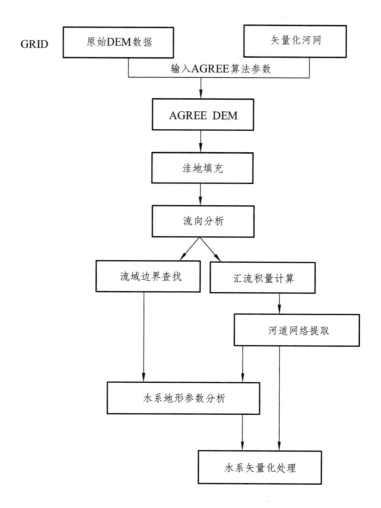

图 6.3   Arc Hydro 模型提取水系流程

基于 DEM 和 AGREE 算法改进的 Arc Hydro 模型提取得到的东莞市水系分布图如图 6.4 所示。

提取到的各镇街水域统计面积与实测面积如表 6.4 所示。

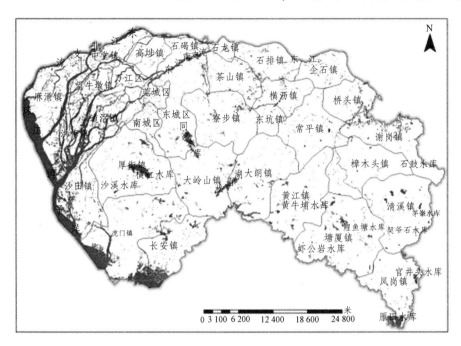

图 6.4 提取的东莞市水系分布图

表 6.4 提取结果和实测数据比较

序号	镇街名称	提取结果面积/km²	水域面积/km²	所辖面积/km²
1	麻涌镇	11.19	11.72	91
2	望牛墩镇	1.92	1.61	31.57
3	中堂镇	1.64	1.98	60
4	高埗镇	1.44	1.36	34.4
5	石碣镇	2.17	2.26	36.2
6	石龙镇	2.62	2.32	13.83
7	石排镇	2.04	1.96	48.7
8	企石镇	9.23	10.49	58.29
9	桥头镇	4.81	4.47	56
10	谢岗镇	4.12	3.88	103

续表

序号	镇街名称	提取结果面积/km²	水域面积/km²	所辖面积/km²
11	洪梅镇	4.58	5.23	33.2
12	道滘镇	4.17	3.91	54
13	万江区	15.77	15.65	48.5
14	莞城区	0.36	0.31	11.17
15	东城区	8.77	9.23	110
16	南城区	0.90	0.63	56.62
17	寮步镇	5.06	5.44	71
18	东坑镇	0.49	0.27	23.8
19	常平镇	1.32	1.23	103
20	沙田镇	17.62	17.14	107
21	厚街镇	7.66	7.56	126.15
22	大朗镇	10.37	10.40	118
23	黄江镇	4.19	4.42	98
24	樟木头镇	2.74	2.69	119
25	虎门镇	6.73	5.19	178
26	长安镇	4.26	3.90	98.1
27	塘厦镇	9.73	10.01	128
28	清溪镇	6.43	5.46	140
29	凤岗镇	8.89	8.70	82.5
30	茶山镇	2.13	2.01	45.54
31	大岭山镇	4.71	4.61	95.5
32	横沥镇	6.56	6.32	44.67
合 计		174.62	172.36	2 424.74

从表 6.4 中可以看出,提取得到的数据和实测数据的误差比较小,表明精度较高,通过 AGREE 算法对 DEM 进行调整,可消除河流水系提取时在坡度小于 3°的大面积平坦区域出现的平行伪河道及部分河道裁弯取直的现

象，提高了模拟河流与真实河流的吻合度，栅格像元的大小是河网提取成功与否的关键。

第六节　东莞市年降水量数据的归一化处理

根据式（6.1）水文指数计算公式可知，必须将各镇街降水量进行归一化处理。降水量归一化处理，必须先对离散的、不连续分布的降水量数据进行空间化处理。由于观测台站的空间分布很不规则，要把这种不规则的数据转换成规则的网格数据，就需要利用特定区域已知的离散观测数据来估计规则格网上的非观测数据，即"空间内插"。目前用于空间内插的方法很多，有 5 种常见的插值方法：反距离加权法（Inverse Distance Weight，IDW）、样条函数法（Spline methods，Spline）、克里金法（Kriging，K）、离散平滑插值(Discrete Smooth Interpolation, DSI)和趋势面光滑插值(Trend Surface)。其中，样条函数法又包括：张力样条插值法(Spline with Tension)、规则样条插值法(Regularized Spline)和薄板样条插值法(Thin-Plate Spline)；普通克里金法又包括：简单克里格（Simple-Kriging）、普通克里金（ Ordinary-Kriging）、泛克里金（Universal-Kriging）、对数正态克里金（Log-Normal Kriging）、协同克里金（Cokriging）、拟协克里金（Pseudo-Kriging）、指示克里格（Indicator-Kriging）和离析克里格（Disjunctive-Kriging）。经过多种方法的测试研究，本研究采用张力样条插值法来完成降水量的空间插值。

样条函数法插值法是利用最小化表面总曲率的数学函数来估计值特征值，进而生成刚好经过输入点的平滑表面。它是一种拟合插值算法，最适合于生成平缓变化的表面，如降水量分布、高程等。

样条函数插值法的公式表达如下：

$$Z = \sum_{i=1}^{N} A_i d_i^2 \log d_i + a + bx + cy \qquad （6.2）$$

式中，Z 为气象要素的预测值；d_i 为插值点到第 i 个气象站点的距离，通过基本函数 $\sum_{i=1}^{N} A_i d_i^2 \log d_i$ 可获得最小化表面的曲率；$a + bx + cy$ 为局部趋势函数；x 和 y 为插值点的坐标；A_i，a，b，c 为方程系数；N 为用于插值的气象站点的数目。

张力样条函数方法根据建模现象的特性来控制表面的硬度。它使用受样本数据范围约束更为严格的值来创建不太平滑的表面。张力样条法的表达式为：

$$a + \sum_{i=1}^{N} A_i R(d_i) \tag{6.3}$$

式中，a 为是通过求解线性方程组而获得的系数；N 为点数。

基本函数 $R(d)$ 为：$\dfrac{1}{(2\pi\varphi^2)\left(\ln\left(\dfrac{d\varphi}{2}\right) + c + K_0(d\varphi)\right)}$

式中，d 为点与样本之间的距离；φ^2 为权重参数，定义张力的权重；K_0 为修正贝塞尔函数；c 为大小等于 0.577 215 的常数。

φ 定义最小化期间附加到一阶导数项的权重，如果 φ 值被设为接近于 0，则张力法与基本薄板样条插值法得到的估计差相似。较大的 φ 值降低了薄板的硬度，插值的值域使插值成的面与通过控制点的模形态相似。在极限情况下，随着 φ 接近无穷大，表面形状将近似于经过这些点的膜或橡皮页。典型值有 0、1、5 和 10。

点数 N 为在计算每个插值像元时所使用的点数。指定的输入点越多，较远数据点对每个像元的影响就越大，输出表面也就越平滑。点数的值越大，处理输出栅格所需的时间就越长。

在实际应用（如 ArcGIS）中，为了便于计算，输出栅格的整个空间被划分为大小相等的块或区域，但要注意：x 方向和 y 方向上的区域数相等，并且这些区域的形状均为矩形。将输入点数据集中的总点数除以指定的点数值可以确定区域数。如果数据的分布不太均匀，则这些区域包含的点数可能会明显不同，而点数值只是粗略的平均值。如果任何一个区域中的 $N<8$，则将会自动设为 $N\geq 8$，在本研究中，对每个中心点均选取周围最近 12 个站点的数据进行插值。

另外，因评价指标不同，其量纲和单位也有所不同，需要进行数据归一化（标准化）处理以消除指标之间的量纲影响和实现数据指标之间的可比性，否则会影响数据分析的结果。数据归一化处理也是数据挖掘的一项基础工作，原始数据经过数据标准化处理后，各指标处于同一数量级，适合进行综合对比评价。常见的归一化方法有以下两种：

（1）min-max 标准化，也称离差标准化，是对原始数据的线性变换，使结果值映射到[0-1]。转换函数如下：

$$x* = \frac{x - \min}{\max - \min}$$，其中 max，min 分别为样本数据的最大值和最小值。

（2）Z-score 标准化方法。这种方法给予原始数据的均值（mean）和标准差（standard deviation）进行数据的标准化。经过处理的数据符合标准正态分布，即均值为 0，标准差为 1。转化函数为：

$$x* = \frac{x - \mu}{\delta}$$，其中 μ 为所有样本数据的均值，δ 为所有样本数据的标准差。

降水量数据进行归一化处理的步骤如下：

首先，将东莞市 32 个镇街气象站 1—12 月的逐月月均降水量监测值在 ArcGIS 中的 Spatial Analyst 工具—插值分析—样条函数法，在样条函数法中，将输出元大小设置为 1 000，样条函数类型设置为 Tension，权重设置为 1，点数设置为 12 进行空间内插，得到东莞市 1—12 月逐月平均降水量数据（见表 6.5）以及 1 km×1 km 的 1—12 月逐月平均降水量分布栅格数据（见图 6.5 和图 6.6）。

表 6.5　东莞市 1—12 月逐月平均降水量数据

序号	镇街	1月	2月	3月	4月	5月	6月	7月	8月	9月	10月	11月	12月	均值	年均值
1	麻涌	36	38	61	152	221	364	145	115	184	66	59	17	122	1 459
2	望牛墩	34	30	66	182	210	394	151	161	165	61	42	21	110	1 517
3	中堂	33	39	68	189	249	437	174	147	170	63	61	26	136	1 657
4	高埗	41	44	64	183	257	482	202	169	168	51	56	25	150	1 742
5	石碣	35	41	64	175	279	484	218	120	138	50	42	27	138	1 673

续表

序号	镇街	1月	2月	3月	4月	5月	6月	7月	8月	9月	10月	11月	12月	均值	年均值
6	石龙	40	46	65	189	263	533	220	163	97	63	38	31	126	1 748
7	石排	37	43	69	188	272	565	209	204	150	67	44	27	116	1 876
8	企石	31	40	66	182	283	523	210	197	128	57	44	21	125	1 783
9	桥头	33	34	61	185	245	473	188	236	132	43	46	26	145	1 702
10	谢岗	38	41	81	212	263	484	240	221	174	54	55	30	139	1 894
11	洪梅	41	41	59	156	189	314	141	156	150	65	50	24	146	1 388
12	道滘	42	43	63	171	215	360	168	143	163	57	52	23	156	1 501
13	万江	37	40	63	180	244	439	170	159	172	46	47	18	162	1 616
14	莞城	35	29	70	192	285	519	204	197	179	52	53	25	157	1 841
15	东城	41	40	72	198	272	524	207	201	181	56	57	33	149	1 884
16	南城	45	44	67	194	269	531	227	143	173	51	62	23	142	1 829
17	寮步	40	42	76	201	266	530	225	246	154	58	60	30	150	1 927
18	东坑	36	40	66	191	241	496	193	223	100	51	50	23	155	1 710
19	常平	38	38	58	190	254	507	220	244	126	44	50	25	143	1 795
20	沙田	39	37	53	179	163	333	132	137	128	47	51	23	161	1 321
21	厚街	40	41	59	189	240	422	163	164	155	54	55	25	134	1 609
22	大朗	33	39	56	192	220	488	208	195	133	59	43	19	146	1 685
23	黄江	31	46	60	206	208	470	219	207	134	49	48	25	140	1 703
24	樟木头	35	42	63	198	246	462	220	233	158	47	51	27	142	1 782
25	虎门	32	37	55	208	229	378	180	198	192	46	49	25	118	1 629
26	长安	32	38	51	218	262	436	203	217	213	57	43	24	132	1 794
27	塘厦	22	39	46	170	191	411	177	139	118	38	38	22	161	1 410
28	清溪	37	40	63	185	226	515	271	239	238	54	39	25	148	1 933
29	凤岗	29	35	50	157	178	397	250	219	148	53	45	25	158	1 586
30	茶山	42	43	81	199	279	548	195	237	150	65	57	46	152	1 943

续表

序号	镇街	1月	2月	3月	4月	5月	6月	7月	8月	9月	10月	11月	12月	均值	年均值
31	大岭山	35	39	58	188	231	479	206	205	157	71	55	25	153	1 748
32	横沥	35	42	72	193	281	539	208	228	125	60	48	24	135	1 855
平均值		36	40	63	187	242	464	198	190	155	55	50	25	142	1 704
最大值		45	46	81	218	285	565	271	246	238	71	62	46	162	1 943
最小值		22	29	46	152	163	314	132	115	97	38	38	17	110	1 321

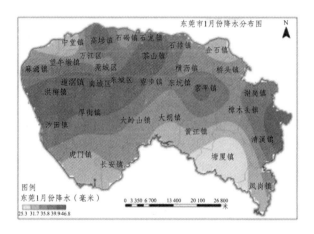

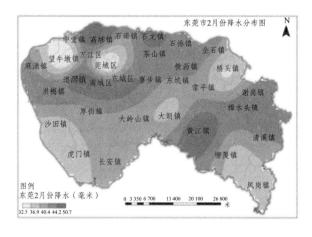

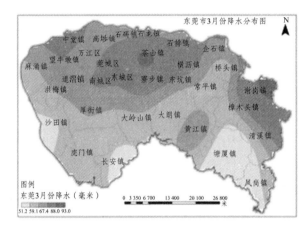

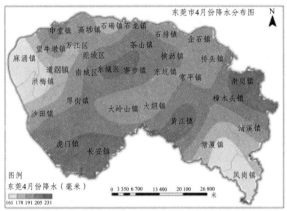

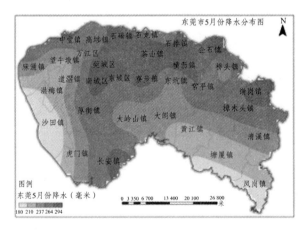

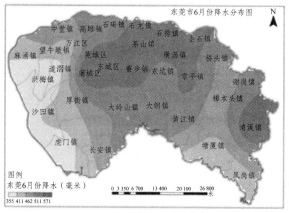

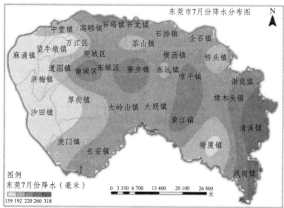

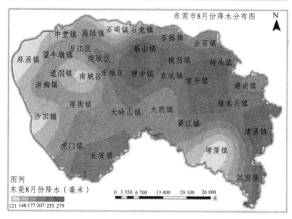

图 6.5　东莞市 1—8 月平均降水量分布图

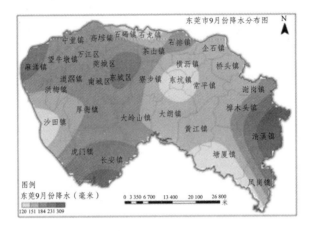

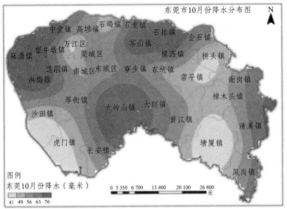

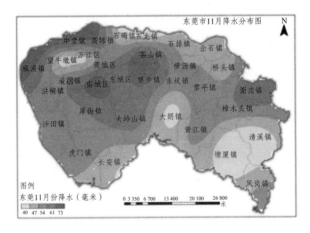

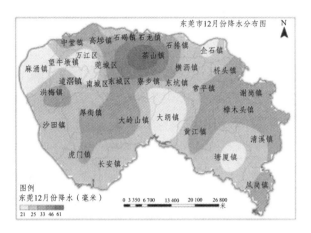

图 6.6　东莞市 9—12 月平均降水量分布图

　　然后累加 1—12 月的降雨量得到年总降雨量数据（见图 6.7），再按镇街进行区域统计求出各镇街的年总降水量（见图 6.8）。

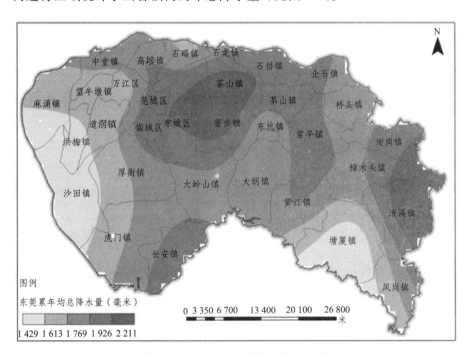

图 6.7　东莞市年均总降水量分布图

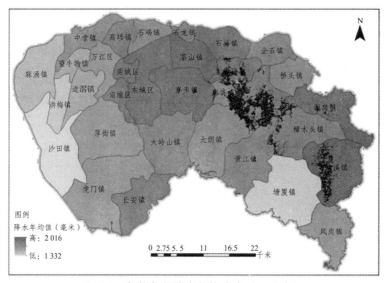

图 6.8　东莞市各镇街年均降水总量分布图

最后，在 ArcGIS 中的 Spatial Analyst 工具—叠加分析—模糊隶属度，分类值类型选择线性函数，即按照（镇街降雨量-全市降雨量最小值）/（全市降雨量最大值-全市降雨量最小值）进行归一化处理并生成栅格数据（见图 6.9）。

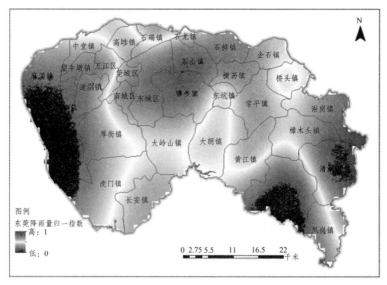

图 6.9　归一化处理后生成栅格图

第七节 东莞市水文适宜性评价

一、基于格网的东莞市水文适宜性评价

基于将DEM提取的东莞市水系矢量数据转换为以水域面积作为Z值的东莞市水系栅格数据，再将1 km×1 km格网分区统计得到1 km×1 km的栅格，最后用极差标准化方法进行水系归一化处理，得到如图6.10所示的水域面积归一指数图。

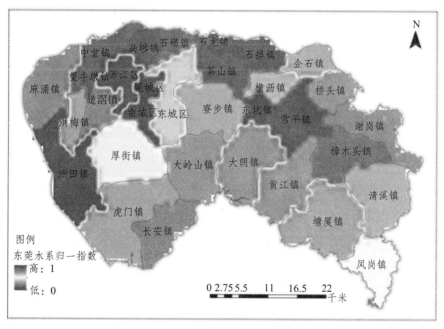

图6.10 东莞市水系面积归一指数分布图

根据数据处理后的归一化降水量和归一化的水域面积，将系数 $\alpha=0.8$ 和 $\beta=0.2$ 代入公式（6.1）中，计算出东莞市各镇街基于栅格的 WRI 的值。其空间分布图如图6.11所示。

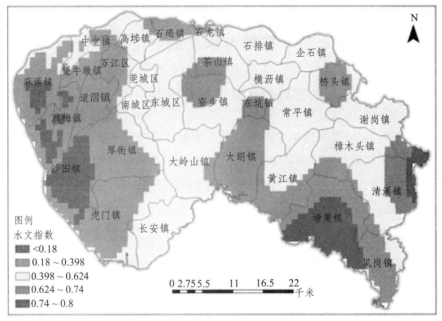

图 6.11　东莞市水文指数分布图

在 ArcGIS 中通过区域分析生成 1 km×1 km 的指数数据，在 Excel 中进行统计分析得到东莞市水文指数分布情况如表 6.6 所示。

表 6.6　水文指数适宜性面积统计

等级	面积/km^2	占总面积的比例
Ⅰ不适宜	223.9	9.27%
Ⅱ临界适宜	903.14	37.37%
Ⅲ一般适宜	1172.03	48.50%
Ⅳ中度适宜	105.99	4.39%
Ⅴ高度适宜	11.49	0.48%

从表 6.6 可看出，东莞水文不适宜性的区域只占 9.27%，其他部分区域均属于临界适宜以上，说明东莞水文适宜性普遍较好。

二、基于行政区的东莞市水文适宜性评价

将 DEM 提取的东莞市水系矢量数据，然后按 1 km×1 km 创建以水域

面积作为 Z 值的东莞市水系栅格数据，再将镇街栅格地图数据与其叠加得到各镇街的水系栅格，最后采用极差标准化方法进行水系归一化处理。

根据数据处理后的归一化降水量和归一化的水域面积，将系数 $\alpha=0.8$ 和 $\beta=0.2$ 代入公式（6.1）中，计算出东莞市各镇街 WRI 的值，得到东莞市各镇街的水文指数分布如图 6.12 所示，数据如表 6.7 所示。

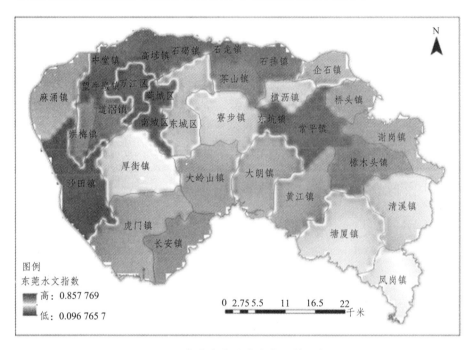

图 6.12　东莞市各镇街水文指数分布图

表 6.7　东莞市各镇街水文指数数据统计表

序号	镇街	归一化水域	归一化降水	人口密度	WRI 值
1	麻涌	0.68	0.22	1 189	0.59
2	望牛墩	0.09	0.32	2 691	0.13
3	中堂	0.12	0.54	2 055	0.20
4	高埗	0.07	0.68	6 334	0.19
5	石碣	0.13	0.57	4 012	0.21
6	石龙	0.05	0.69	9 066	0.18

续表

序号	镇街	归一化水域	归一化降水	人口密度	WRI 值
7	石排	0.07	0.89	2 789	0.23
8	企石	0.61	0.74	1 375	0.64
9	桥头	0.26	0.61	1 957	0.33
10	谢岗	0.22	0.92	629	0.36
11	洪梅	0.30	0.11	1 448	0.26
12	道滘	0.22	0.29	2 625	0.24
13	万江区	0.91	0.47	2 999	0.82
14	莞城区	0.00	0.84	20 237	0.17
15	东城区	0.54	0.91	2 834	0.61
16	南城区	0.01	0.82	3 767	0.17
17	寮步	0.31	0.97	5 938	0.45
18	东坑	0.01	0.63	8 355	0.13
19	常平	0.04	0.76	2 827	0.19
20	沙田	1.00	0.00	1 056	0.80
21	厚街	0.44	0.46	3 500	0.44
22	大朗	0.66	0.58	1 627	0.65
23	黄江	0.25	0.61	2 383	0.33
24	樟木头	0.15	0.74	1 074	0.27
25	虎门	0.30	0.49	2 862	0.34
26	长安	0.22	0.76	6 814	0.33
27	塘厦	0.63	0.14	3 797	0.53
28	清溪	0.31	0.98	1 261	0.45
29	凤岗	0.47	0.43	2 235	0.46
30	茶山	0.11	1.00	2 707	0.29
31	大岭山	0.26	0.69	1 982	0.35
32	横沥	0.33	0.86	3 102	0.44

从上述图表可得到如表 6.8 所示的结果。

表 6.8　东莞市各镇街水文适宜性统计表

等级	水文指数（WRI）	镇街个数	特征描述
Ⅰ不适宜	$WRI \leqslant 0.18$	4	主要为缺水的干旱地区
Ⅱ临界适宜	$0.18 < WRI \leqslant 0.398$	16	主要为少水的半干旱地区
Ⅲ一般适宜	$0.398 < WRI \leqslant 0.624$	8	主要为半湿润易干区
Ⅳ中度适宜	$0.624 < WRI \leqslant 0.740$	2	主要为水资源丰富的湿润区
Ⅴ高度适宜	$WRI > 0.740$	2	主要为多水的湿润区

从表 6.8 可以看出，东莞市的整体水文适宜性较好，除 4 个镇街为不适宜区之外，其他 28 个镇街均属于临界适宜区以上。其中：

不适宜区有：东坑镇、望牛墩镇、莞城区、南城区；

临界适宜区有：石龙镇、常平镇、高埗镇、中堂镇、石碣镇、石排镇、道滘镇、洪梅镇、樟木头镇、茶山镇、黄江镇、长安镇、桥头镇、虎门镇、大岭山镇、谢岗镇；

一般适宜区有：横沥镇、厚街镇、寮步镇、清溪镇、凤岗镇、塘厦镇、麻涌镇、东城区；

比较适宜区有：企石镇和大朗镇；

高度适宜区有：沙田镇、万江区。

07 第七章
东莞市植被适宜性研究

在自然环境诸多因素中，植被对自然环境的依赖性最大，它与一定的地形地貌、水文、气候、土壤条件相适应。植被对自然环境的变化最敏感，既受自然条件的影响，反过来也影响自然环境，植物的生长（发育）受到日照、气温、土壤、水、O_2、CO_2 等的控制，特别是前面 4 个因子的影响最大，植被的分布以及人们对植被的改造利用与气候和土壤条件密切相关。一方面，植被的变化是对人居环境变化的一种适应；另一方面，植被的变化影响气候、流域水文循环以及水文过程，植被具有改善气候、调节湖泊河流流量、防止水土流失、减轻环境污染等作用，如植被覆盖率低可能导致城市热岛效应。热岛效应会给人们带来身体危害和不舒适感，易导致烦躁、中暑、精神紊乱甚至心脏、脑血管和呼吸系统疾病的发病率上升、死亡明显增加等严重危害人类身体健康等影响。植被直接影响人类生存与发展的自然基础，对人居环境的影响非常大，植被覆盖率的高低影响人口的分布，植被覆盖率过低或过高都不适合人居住。所以，植被适宜性的研究可为区域经济、社会发展提供决策支持，同时对于政府部门认识土地利用和植被覆盖变化的重要性具有现实意义（刘彦随等，2002；蔡运龙等，2003；赖格英等，2008；李仕利等，2008）。

第一节　东莞市植被概况

东莞属于亚热带海洋季风气候，气候温和、雨量充沛、日照时长等为植物的生长、发育和多样性变化提供了非常有利的条件；同时，茂盛的植被也一直改善着东莞的人居环境质量。

近几年，东莞正努力打造宜居生态城市，提出了"创建国家森林城市，建宜居生态东莞"的活动。至 2020 年年底，东莞市有森林公园 21 个，总面积 33 254.6 hm²，占全市国土面积的 13.7%，森林公园个数和占比面积均居全省前列，其中国家级 1 个，省级 3 个，市级 17 个；湿地公园达 25 个，面积 2 171.62 hm²。建成镇级以上公园 270 个、小山小湖社区公园 114 个，592 个社区（村）都有绿化小公园，全市共 1223 个公园，人均公园绿地面积 20.03m²，基本实现 300 m 见绿、500 m 见园，成为名副其实的"国际花园城市"。全市建成区绿地率为 35.86%，绿化覆盖率为 43.76%，森林覆盖率为 37.4%，林地绿化率为 98.5%。

东莞市 32 个镇街中只有洪梅、中堂、高埗、石碣和万江 5 个镇街无森林公园。2020 年东莞市面积统计情况如表 7.1 所示。

表 7.1　东莞市森林面积统计表

序号	统计单位	区域面积/hm²	林地面积/hm²	林地面积比/%
1	樟木头	6 770.25	3 505.9	51.78
2	凤岗	8 237.36	2 599.32	31.56
3	塘厦	11 659.7	2 234	19.16
4	清溪	10 629.92	4 460.25	41.96
5	谢岗	9 147.96	3 893	42.56
6	黄江	9 305.34	4 790.48	51.48
7	大岭山	9 624.26	3 232.08	33.58
8	大朗	8 324.55	1 807.33	21.71
9	寮步	7 606.84	740.51	9.73
10	茶山	4 281.68	459.97	10.74
11	东城	8 438.69	672.05	7.96
12	南城	5 082.55	767.54	15.1
13	厚街	12 432.45	3 316.46	26.68
14	虎门	14 356.75	1 990.08	13.86
15	长安	9 518.81	1 210.23	12.71
16	常平	10 315.66	1 488.58	14.43

序号	统计单位	区域面积/hm²	林地面积/hm²	林地面积比/%
17	桥头	5 563.25	402.46	7.23
18	企石	5 853.72	648.4	11.08
19	石排	4 871.6	77.85	1.6
20	横沥	4 448.83	305.31	6.86
21	东坑	2 412.86	207.77	8.61
22	沙田	10 765.72	32.27	0.3
23	石龙	1 359.43	7.29	0.54
24	莞城	1 137.58	19.07	1.68
25	望牛墩	3 165.15	16.61	0.52
26	麻涌	9 112.09	72.69	0.8
27	道滘	5 418.73	17.39	0.32
1	大岭山林场	2 445.89	2 221.42	90.82
2	清溪林场	3 377.84	3 344.18	99
3	大屏嶂林场	1 186.48	1 069.58	90.15
4	板岭林场	572.23	396.07	69.22
5	同沙林场	1 740.51	1 048.13	60.22
6	黄旗山林场	252.96	185.51	73.34
7	林科所	41.47	37.4	90.19
8	松山湖	5814.6	1 215.3	20.9
9	生态园	6 440.74	6 399.16	99.35
10	樟木头林场	3 062.45	42.25	1.38
合计		246 018.05	54 933.89	22.33

第二节　数据来源与处理

使用覆盖东莞市的 Landsat 8 OLI（陆地成像仪）图像为数据源，数据来源于中科院遥感与数字地球研究所对地观测共享计划（http://ids.ceode.

ac.cn/query.html），可免费获得，成像时间为 2018 年 10 月 17 日。Landsat 8
第 4 波段（Red，波长 0.64-0.67μm）、第 3 波段（Green，波长 0.53-0.59 μm）
和第 2 波段（Blue 波段，波长 0.45-0.51 μm）的 RGB 彩色合成影像（见图
7.1），遥感图像经过辐射定标、大气校正、以 1∶5 万东莞边界地形图为基
准面选取控制点并进行图像裁剪操作后，再基于决策树法进行土地利用类
型数据的提取和 NDVI 的计算。

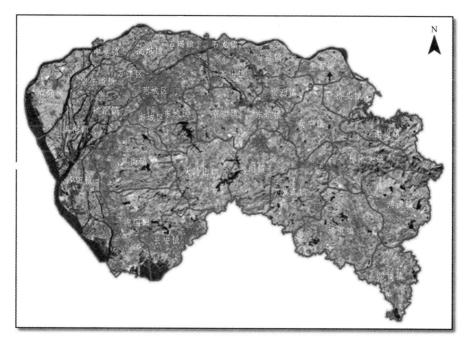

图 7.1　东莞市 Landsat 8 遥感影像图

第三节　基于植被指数和 C5.0 的决策树算法的土地利用分类提取

一、决策树法在土地利用分类中的应用现状

土地作为人类栖息生存的唯一空间，研究土地利用的状况，对人居环

境自然适宜性具有重要意义。随着科技的迅速发展，遥感影像分类成为当前土地利用分类提取的主要方式。传统的监督分类和非监督分类是按照遥感影像光谱特征进行的分类方法，如 K-均值、最小距离法、最大似然法等，结果受遥感图像"同物异谱"和"同谱异物"现象的影响而出现较多错分、漏分的情况，且分类精度也不高。因而近年来出现了众多新的分类算法，如人工神经网络、多重滤波、支持向量机、基于主成分分析光谱角度制图的分类模型、多分类器和决策树分类、模糊分类法、深度学习等，有效地提高了分类精度（陈民等，2014；黎夏等，2005）。选择行之有效的分类方法是获取较高分类精度结果的关键。由于决策树分类法既可以基于遥感影像，也可以基于其他空间数据，因而在遥感数据分类应用上具有较大优势。目前，决策树分类法已广泛应用于基于遥感数据提取的土地利用分类中，并取得了良好的分类效果。

决策树分类法或基于专家经验总结或通过简单数学统计和归纳的手段构建决策树。决策树顶部是根节点，此时所有样本都在一起，经过该节点后样本被划分到各子节点中；每个子节点再用新的特征进一步决策划分，直到最后只包含单纯一类样本（见或不见）的叶子节点为止。决策树分类算法是由根节点（所有样本）生长到叶子结点（单一样本），决策树生成的目标就是将像元划分为相应的类别，即确定分类规则实现分类，算法结构简单，直观、清晰，易于理解，运算速度较快，应用广泛。

在国外，Defries 等（1984）采用决策树分类器对全球 AVHRR 遥感数据的分类，得到了全世界的土地覆盖分类地图。此后，Fridel 等（1997）再利用决策树方法对全球 AVHRR 影像数据进行了最优化分类处理，提高了全球土地分类的精度。Winlison 等（1990）结合知识库以及其他辅助数据，利用 D-S 不确定推理理论和最大似然法，进行遥感图像分类，而后，Kontoes 等（1996）利用光谱和纹理信息进行了高一层次的土地覆盖分类，发展了 Wilinson 的方法；Hansen 等（1996）分别利用决策树法和最大似然法对全球 $1° \times 1°$ 的 NOAA/VHRR 数据进行了土地覆盖分类。Friedl 等（1997）分别采用 3 种决策树：单变量、多变量和混合决策树进行土地覆盖分类，其中采用混合决策树可得到最高分类精度。DeFries R. S. 等（1998）采用了二元决策树分类算法生产了全球 8 km 的土地覆盖产品；BoraK 等（1999）运用决策树从大量数据中选择出了分类特征并取得较好的效果；Muchoney 等（2000）采用了决策树、最大似然法、神经网络 3 种分类方法对美国中部的 MODIS 遥感数据进行土地覆盖分类，并做了结果比较，得出决策树分类精度最高的结果；RicK L.等（2001）建立了 CART 分析系统，利用 Landsat TM 数据、处理变换的影像以及 DEM 数据，将地物类型划分为三级类；Joy 等（2003）采用决策树方法对 Landsat TM 影像数据进行了森林类型的识别，取得了较好的分类效果；Eltahir Mohamed Elhadid 等（2010）利用 CART 决策树从 QuickBird 影像的灰度发生矩阵中提取出的发生滤波器纹理特征提取土地利用/覆盖信息；Jokar Arsanjani 等（2012）利用协同采集的 OpenStreetMap（OSM）数据集，基于层次 GIS 的决策树方法对奥地利维也纳的土地利用模式进行了制图；Seyed Ahad Beykaei 等（2013）设计了模糊决策树、逻辑决策树和人工神经网络 3 种土地利用分类算法，利用高分辨率遥感数据和地理矢量数据，将城市子区域、传播块、最小人口普查区域划分为单个土地利用块，最终提取了停车场、裸露土壤和植被信息，并提出了一种基于像素和对象混合的土地覆盖分类系统；Diallo Yacouba 等（2015）采用分类执行专家系统决策树和 Ctree 模型评估云南省普洱市思茅县土地利用及覆盖变化；Shishir Sharmin 等（2018）利用决策树对孟加拉国 Purbachal New Town 的精细遥感数据获得了准确的土地利用类型；David Fernández-Nogueira 等（2019）利用决策树模型分析了 1990—2012 年期间伊比利亚半岛主要土地利用/覆盖变化的决定因素。

在国内，都金康等（2001）利用决策树分类法基于 SPOT 影像对水体进行了提取并分类；赵萍等（2003）将基于光谱特征和形状特征的简单决策树模型应用于 SPOT 影像数据对居民信息的自动提取；温兴平等（2007）采用融合 NDVI、NDBaI 的 C5.0 决策树分类法对广州市的 ETM+影像信息进行提取；潘琛等（2009）选择影像的光谱特征和 NDVI、GVI、RVI 等 10 种植被指数作为分类特征，基于 See5 构建分类决策树，采用 ETM+多光谱影像实现了江苏省徐州市景观格局的遥感分类；吴健生等（2012）基于 QUEST 决策树法的 Landsat TM5 遥感影像对云南丽江进行了土地利用分类；黄铁兰等（2012）基于 ALOS 影像引入了 NDVI、NDWI 和 DEM 利用决策树方法对东莞市进行土地利用分类；陈静秋等（2013）基于决策树的 ALOS 多光谱数据采用以阈值为规则的决策树算法完成了云贵高原典型区域土地利用分类；乔艳雯等（2013）采用 TM 影像数据、DEM 数据、归一化植被指数、纹理信息等复合识别指标构建决策树模型，对扎龙湿地的不同地类进行分类；陈民等（2014）利用 Landsat ETM+和 DEM 数据，结合 NDVI、NDBaI 特征值，建立了 C4.5 算法决策树模型对安徽省滁州进行了土地利用分类；于颂等（2015）运用遥感技术和决策树分类方法对平朔露天煤矿土地 1993、1999、2006 及 2011 年 4 个时期的土地利用与覆盖变化情况及原因进行了研究；姚蓓蓓等（2016）利用 ETM+数据的多光谱特征、DEM 和坡度、坡向等，再结合 NDVI、NDWI、SAVI、NDBaI 等各类植被指数，构建了决策树模型并完成了山东济宁市的土地覆盖信息提取；嘎力巴等（2016）采用 Landsat-8 多光谱影像为数据源，基于水体指数、植被指数、建筑指数和土壤指数等共 20 个地物光谱指数构建决策树的分类方法提取了哈尔滨市土地覆被类型；刘焕军等（2017）对分类影像进行系列阈值分割，并结合辅助背景数据及专家知识，构建决策树分类模型提取了黑龙江省虎林市土地利用覆被信息；陈文娇等（2017）基于 Landsat 8 遥感数据，在考虑遥感数据的归一化植被指数、波段比值、主成分分量等光谱特征以及其他非遥感数据的基础上，采用多级决策树分类的方法对黄河三角洲地区土地利用与覆盖信息进行了提取、研究与分析；张盼（2018）基于 MOD13Q1 数据，采用 ISODATA 算法与 CART 算法相结合的方法，分 4 种植被指数情形基于多源多时相遥感数据完成了关中地区土地利用分类；何朝霞（2019）依据 EBSI、MNDWI、MSAVI、MNDBaI 等遥感指数和 DEM 特征，生成决策树规则并构建了决策树分类模型，完成了湖北省松滋市部分区域的土地利用分类；郑琪等（2020）基于 Rapid Eye 数据分别利用决策树分类法和最邻近分类法以及基于上述两种方法的耦合分类法对北京生态涵养区的 2010—2018 年土地利用分类及变化进行了研究；朱晓霞等（2021）以北京二号卫星影像为数据源，采用高精度地表覆盖数据优化分割和无地表覆盖数据辅助分类这两种面向对象分析方法，运用朴素贝叶斯、CART

决策树、随机森林和 *K* 最邻近分类器提取了武功县土地利用分类数据。

二、基于遥感数据的土地利用分类提取技术路线

本研究以 Landsat 8 OLI 遥感影像作为研究的主数据，结合前期生成的 DEM，借助 ENVI 遥感图像处理软件和 ArcGIS、SPSS 统计分析软件等，基于典型地物的光谱特征和 C5.0 构建分类决策树，基于该决策树模型提取东莞市土地利用分类信息并做结果精度分析。其分类流程如图 7.2 所示（潘琛等，2009；饶萍等，2014；姚蓓蓓等，2016；何朝霞等，2019）。

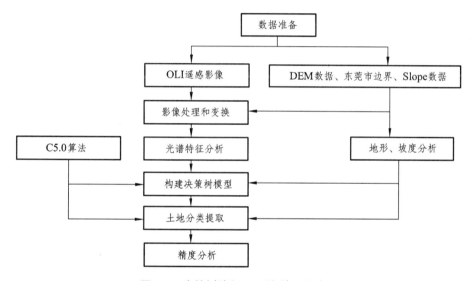

图 7.2　决策树法提取土地利用的流程

首先，利用 ENVI 5.3 软件对 Landsat 8 OLI 进行几何校正、波段合成、穗帽变换等数据分析和处理操作。

然后，提取和计算各种典型地物的光谱特征、求出 DEM 平均值和 Slope 平均值。

再次，将 NDVI、MNDWI、NDBaI、Slope 和 DEM 等数据作为辅助数据，基于 C5.0 机器学习算法原理构建决策树分类模型。

最后，运用该模型对东莞市 2018 年的土地利用信息进行提取和分类，

并对分类结果进行分析和评价。

三、C5.0 在决策树算法中的应用研究

决策树是以样本的属性作为结点，用属性的关键值作为分支的树型结构。其中，根结点是样本集中信息量最大的属性，中间结点是该结点为根的子树所包含的样本子集中信息量最大的属性，叶子结点是样本的类别值；决策树算法是通过对训练样本的学习建立分类规则，依据分类规则实现对新样本的分类，属于有监督式的学习方法。决策树模型（又称规则推理模型）是一种知识表示形式，它是对所有样本数据的高度概括，既能准确地识别（划分）样本集的类别，也能有效地识别（划分）新样本的类别，是一种有效的数据挖掘技术。

当前，决策树构建算法主要有：Ross Quinlan（罗斯·昆兰）提出的 ID3（1986）、C4.5（1993）、C5.0（C4.5 的改进）算法；Jerome H. Friedman & Leo Breiman 提出的 CART（Classification And Regression Trees，分类和回归树，1984）算法；Gordon V. Kass 提出的 CHAID（Chi-squared Automatic Interaction Detector，卡方自动交叉检验，1980）算法、Wei-Yin Loh 提出的 FACT（Fast Algorithm for Classification Trees，快速分类树算法 1988）、QUEST（Quick Unbiased Efficient Statistical Tree，快速无偏高效统计树，1997）算法、CRUISE（Classification Rule with Unbiased Interaction Selection and Estimation，2001）算法、GUIDE（Generalized Unbiased Interaction Detection and Estimation，2009）算法等。

决策树学习算法一般包括 3 个步骤：决策树生成、特征选择和决策树裁剪等。

1. 决策树生成

决策树的生成过程就是使用满足划分准则的特征，从根节点自上至下递归地生成子节点，不断地将样本数据集划分为纯度更高、不确定性更小的子集，直到数据集不可再分为止的过程。

学习决策树的目的是生成一颗泛化能力强的决策树，其基本流程遵循分而治之（Divide and Conquer）策略，代码如下：

输入：训练集 D={$(x_1, y_1), (x_2, y_2), ..., (x_m, y_m)$}

属性集 A={$a_1, a_2, ..., a_k$}

处理：函数 TreeGenernate(D, A)

1：生成节点 node

2：**if** D 中样本全属于同一类别 C **then**

3：将 node 标记为 C 类叶节点

5：**if** $A=\varphi$ or D 中的样本在 A 上取值相同 **then**

6：将 node 标记为叶节点，其类别标记为 D 中样本数最多的类；

return

7：**end if**

8：从 A 中选择最优化属性 $a*$

9：**for** $a*$ 的每一个值 $a*^v$ **do**

10：为 node 生成一个分支：另 D_v 表示 D 中在 $a*$ 上取值为 $a*^v$ 的样本子集

11：**if** D_v 为空 **then**

12：将分支节点标记为叶节点，其类别标记为 D 中样本数最多的类

13：**else**

14：以 TreeGenernate(D_v, A\{$a*$}) 为分支节点

// A\{a*} 表示从 A 中去除 a* 属性

15：**end if**

16：**end for**

输出：以 node 为根节点的一棵决策树

2. 特征选择及其相关概念

特征选择表示从众多的特征中选择一个特征作为当前节点分裂的标准。如何选择特征有不同的量化评估方法，从而衍生出不同的决策树。ID3 算法是采用最大的信息增益（Information Gain）来选择特征，以此递归的构建决策树，主要针对离散型属性数据。C4.5 算法是在 ID3 算法的基础上

改进的，采用最大的信息增益率（Gain Ratio）来选择特征，但它既可处理连续的和有缺失值的数据，又解决了 ID3 容易产生过拟合（Overfitting）的问题。C5.0 是 C4.5 应用于大数据集上的分类算法，并引入了 Boost 框架，所以又叫 BoostTree，主要在执行效率和内存使用方面进行了改进。CART 算法是通过 Gini 指数选择特征的。

（1）信息熵（Information Entropy）。

熵是表示随机变量的不确定性的度量，是对所有可能发生的事件产生的信息量的期望，只依赖于随机变量的分布，与随机变量取值无关。随机变量 $X(x_1, x_2, x_3,..., x_k)$ 的每个值的概率分别为：$p(x_1), p(x_2), p(x_3), p(x_i), ..., p(x_k)$，则随机变量 X 的 *Entroy* 的计算公式：

$$H(X) = -\sum_{i=1}^{k} p(x_i) \log p(x_i) \tag{7.1}$$

从公式（7.1）可知，随机变量的取值个数越多，状态数也就越多，熵就越大，不确定程度就越大。当随机分布为均匀分布时，熵最大，且 $0 \leqslant H(X) \leqslant \log n$。

对于多个随机变量，则 X, Y 的联合熵为：

$$H(X,Y) = -\sum_{x,y} p(x, y) \log(x, y) = -\sum_{i=1}^{n} \sum_{j=1}^{m} p(x_i, y_i) \log(x_i, y_i) \tag{7.2}$$

（2）经验熵（Empirical Entropy）。

对于样本集合 D 来说，熵表示样本集合的不确定性，熵越大，样本的不确定性就越大；随机变量是样本的类别，即假设样本有 n 个类别，类别 i 的概率是 $\frac{|C_i|}{|D|}$，其中 $|C_i|$ 表示类别 i 的样本个数，$|D|$ 表示样本总数，则 D 的经验熵计算公式为：

$$H(D) = -\sum_{i=1}^{n} \frac{|C_i|}{|D|} \log \frac{|C_i|}{|D|} \tag{7.3}$$

（3）条件熵（Conditional Entropy）。

条件熵表示在随机变量 X 给定的条件（即给定的某个值）下，随机变量 Y 的不确定性（或表述为：Y 的熵是多少），用 $H(Y|X)$ 表示，其计算公式：

$$H(Y \mid X) = -\sum_{x,y} p(x, y) \log p(y \mid x) \qquad (7.4)$$

条件熵（$Y|X$）相当于联合熵 $H(X, Y)$ 减去单独的熵 $H(Y)$，即

$$H(Y|X) = H(X, Y) - H(X) \qquad (7.5)$$

（4）信息增益（Information Gain）。

在选择分类特征时，应该选择对最终分类结果影响最大的那个特征作为分类特征。信息增益是以某特征划分数据集前后的熵的差值。通过划分前后集合熵的差值来评价使用当前特征对于样本集合 D 划分效果的好坏。

假设使用某个特征 A 划分数据集 D，则当前信息增益：

$$g(D, A) = H(D) - H(D|A) \qquad (7.6)$$

因划分前的熵 $H(D)$ 是确定的，则划分后的熵 $H(D|A)$ 越小说明数据集 D 被特征 A 划分得到的子集的不确定性越小（也即纯度越高），也即 $g(D, A)$ 的值就越大，说明使用特征 A 划分数据集 D 的纯度上升得更快。而决策树构建过程中的目标是希望数据集往最快到达纯度更高的子集方向发展，因此，选择能使信息增益最大的特征来划分当前数据集 D。

然而，当特征的取值较多时，据此特征划分就更容易得到纯度更高的数据子集，因而划分之后的熵也就更低，即信息增益更大，因此信息增益比较偏向取值较多的特征。

（5）信息增益比（Information Gain Ratio）。

特征 A 对于样本集合 D 的信息增益比=惩罚参数×信息增益，计算公式：

$$g_R^{(D,A)} = \frac{g(D, A)}{H_A^{(D)}} \qquad (7.7)$$

式中，$H_A(D)$，对于样本集合 D，将当前特征 A 作为随机变量（取值是 A 的各个特征值）求得的经验熵。

在 ID3 中求信息熵是把集合类别作为随机变量，这里是把某个特征 A 作为随机变量，按照特征 A 的取值（共 n 个值）来划分数据集 D。经验熵 $H_A(D)$ 的计算公式为：

$$H_A^{(D)} = -\sum_{i=1}^{n} \frac{|D_i|}{|D|} \log \frac{|D_i|}{|D|} \qquad (7.8)$$

信息增益比计算公式中的惩罚参数即 $\frac{1}{H_A^{(D)}}$。据上述推导，特征个数较多时，$H_A^{(D)}$ 较大，即惩罚参数较小；反之，特征个数较少时，惩罚参数较大。因此，与 ID3 相反，当特征取值较少时 $H_A(D)$ 的值较小，$\frac{1}{H_A^{(D)}}$ 较大，信息增益较大，因而信息增益比偏向取值较少的特征。惩罚参数对信息增益按照条件的个数和比重进行了缩放处理。

为了解决上述缺点，在特征划分时，并不是直接选择信息增益率最大的特征，而是现在候选特征中找出信息增益高于平均水平的特征，然后在这些特征中再选择信息增益率最高的特征。

3. 决策树剪枝

由于决策树的建立完全依赖于训练样本，因此该决策树对训练样本能够产生完美的拟合效果。但这样的决策树对于测试样本来说过于庞大且复杂，可能产生较高的分类错误率，这种现象就称为过拟合。因此，需要将复杂的决策树进行简化，即去掉一些节点以解决过拟合问题，使模型泛化能力更强，这个过程就被称为剪枝。

根据所出现的时间点不同，剪枝分为：预剪枝和后剪枝两大类。预剪枝是在构建决策树的过程中，提前终止决策树的生长，从而避免过多的节点产生。预剪枝方法虽然简单但实用性不强，因为很难精确地判断何时终止树的生长。后剪枝是在决策树构建完成之后，对那些置信度不达标的节点子树用叶子结点代替，该叶子结点的类标号用该节点子树中频率最高的类标记。后剪枝方法又分为两种：一类是把训练数据集分成树的生长集和剪枝集；另一类算法则是使用同一数据集进行决策树生长和剪枝。常见的后剪枝方法有：CCP（Cost Complexity Pruning，代价复杂剪枝，Breiman，1984）、REP（Reduced Error Pruning，错误率降低剪枝，Quinlan，1986）、PEP（Pessimistic Error Pruning，悲观错误剪枝，Quinlan，1986）、MEP（Minimum Error Pruning，最小错误剪枝，Niblett&Bratko，1987）、CVP（Critical Value Pruning，临界值剪枝，Mingers，1987）、EBP（Error-Based

Pruning，基于错误的剪枝，Quinlan，1992）。

　　C4.5 算法采用 PEP 剪枝法，是一种自顶向下的剪枝法，根据剪枝前后的错误率来判定是否进行子树的修剪，因此不使用分离的剪枝数据集，直接在训练集上进行剪枝操作，是当前决策树事后剪枝方法中精度较高的算法之一。

　　对于一个叶子节点，它覆盖了 N 个样本，其中有 E 个错误，那么该叶子节点的错误率为 $\dfrac{E+0.5}{N}$。由于直接在训练集上进行剪枝，那么对于每个节点剪枝后的错分率一定会上升，因此在计算错分率时需要加一个惩罚因子 0.5。

　　对于一棵子树，它有 L 个叶子节点，那么该子树的误判率 p 为：

$$p = \frac{\sum_{i=1}^{L} E_i + 0.5L}{\sum_{i=1}^{L} N_i} \tag{7.9}$$

式中，E_i 表示子树第 i 个叶子节点错误分类的样本数量，N_i 表示子树第 i 个叶子节点中样本的总数量。

　　假设一棵子树错误分类一个样本取值为 1,正确分类一个样本取值为 0,那么子树的误判次数可以认为是一个伯努利分布，因此可以得到该子树误判次数的均值和标准差：

　　　　E（剪枝前误判数）$=p \times N$

　　　　STD（剪枝前误判数）$= \sqrt{p \times N \times (1-p)}$

　　把子树替换成叶子节点后，该叶子节点的误判次数也是一个伯努利分布。其概率误判率 e 为误判率为 $\dfrac{E+0.5}{N}$，因此叶节点的误判次数均值为：

　　　　E（剪枝后误判数）$= N \times e$

　　当子树的误判个数大于对应叶节点的误判个数一个标准差之后，就决定剪枝。剪枝的条件为：

　　　　E（剪枝后误判数）$-$STD（剪枝前误判数）$<E$（剪枝前误判数）

满足剪枝条件时，则将所得叶子节点替换该子树，即为剪枝操作。

4. 连续型属性的离散化处理

当属性类型为离散型，无须对数据进行离散化处理；当属性类型为连续型，则需要对数据进行离散化处理。C4.5 算法针对连续属性的离散化处理，核心思想：将属性 A 的 N 个属性值按照升序排列；通过二分法将属性 A 的所有属性值分成两部分（共有 $N-1$ 种划分方法，二分的阈值为相邻两个属性值的中间值）；计算每种划分方法对应的信息增益，选取信息增益最大的划分方法的阈值作为属性 A 二分的最佳阈值。

5. 基于 C5.0 算法的决策树的构建

C5.0 算法是一种指导（监督）式的学习方法，核心思想是使用信息增益率来选择属性，构建决策树的时间要比 C4.5 算法快数倍且生成的决策树规模也更小。它使用了提升法，能够组合多个决策树来做出分类以及采用 Boosting 方式提高模型准确率。C5.0 算法先根据已知的训练子集形成决策树，决策树可以根据属性的取值对一个未知实例集进行分类。在使用决策树对实例进行分类时，由树根开始对该对象的属性逐渐测试其值，并且顺着分支向下搜索，直至到达某个叶结点，此叶结点代表的类即为该对象所处的类；如果该树不能对所有对象给出正确的分类（闫敬敏，2009），那么选择一些例外加入训练集数据中。重复该过程一直到形成正确的决策集，最终形成产生式规则。

其构建流程如图 7.3 所示。

四、遥感指数的提取

1. K-T 变换（穗帽变换）

NDVI 提取方法由于受到影像空间分辨率的限制，对影像上信息量少的植被（如道路两旁的树和花坛、小区中的零星绿地等）提取效果不佳。为了提高 NDVI 的提取效果，将遥感影像首先进行穗（缨）帽变换（也称 K-T 变换），以提高影像空间分辨率、增强纹理信息的特征。

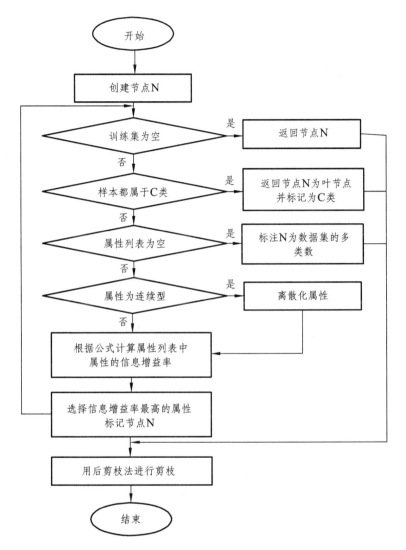

图 7.3　C5.0 算法决策树构建流程

　　K-T 变换是由 Kauth 和 Thomas 基于对 Landsat 的大量 MSS 图像统计研究提出的，是根据多光谱信息与自然景观要素特征间的关系建立的一种特定变换，又称"穗帽变换"。K-T 变换使坐标空间发生旋转，旋转后的坐标轴指向与植物生长有密切关系的方向。K-T 变换将 Landsat 8 遥感图像的第 2 ~ 7 的 6 个波段压缩成 3 个分量，第一分量为亮度指数（Brightness），是

6个波段的加权和，反映地物总体反射率的综合效果，即土壤信息；第二分量为绿度指数（Greenness），反映绿色生物量的特征，与图像上绿色植物的数量密切相关；第三分量为湿度指数（Wetness），反映可见光和近红外与较长的红外的差值，它对土壤湿度和植物湿度最为敏感（苏琦等，2010；汪燕等，2013）。

K-T 变换是一种特殊的主成分分析，其转换系数是固定的，故独立于单个影像，不同图像产生的土壤亮度和绿度可以相互比较。当植被生长时，Greenness 图像上的信息增强而 Brightness 上的信息减弱；当植被成熟和逐渐凋落时，其 Greenness 图像特征减少。K-T 变换对区分不同植被类型非常有效，特别是零星绿地与周围建筑物对比明显，在零星绿地提取中有显著效果；同时，转换后的图像植被与建筑物之间的边界清晰、结构完整且有较好的光谱保持能力，也能很好地将植被从建筑物与道路中区分开来，最适合于城市植被信息的提取。

本研究利用 ENVI 对东莞市 Landsat 8 OLI 遥感影像 6 个波段（2，3，4，5，6 和 8）经过 K-T 变换处理，各个地类选取一定样本，求算 3 个组分图像：土壤亮度（Brightness，主要反映土壤信息）、绿度（Greenness，与图像上绿色植物的数量密切相关）和湿度（Wetness，与冠层和土壤湿度有关），如图 7.4 所示。

（a）综合图像 （b）亮度

（c）绿度　　　　　　　　　　　　　　　（d）湿度

图 7.4　东莞市遥感影像数据 *K-T* 变换处理结果图

2. NDVI 的提取

在遥感图像中，植被信息主要通过植物叶子和植被冠层的光谱特征及其差异变化而反映。叶绿素在 0.5 ~ 0.7 μm 的可见光波段有 2 个强吸收谷，反射率一般小于 20%；但在 0.7 ~ 1.3 μm 的近红外波段，由于叶肉海绵组织结构中有许多空腔，因而具有很大的反射表面且反射率较高。植被指数（Vegetation Index，VI）是根据植被反射波段的特性，由遥感传感器获取的多光谱数据经线性和非线性组合计算出来的各种数值。从物理意义上看，植被指数利用绿色植被的反射光谱特征：主要由在红光波段的吸收和在近红外波段的高反射之间的差异，来达到区分绿色植物与其他地物的目的。植被指数在一定条件下能用来定量说明植被的生长状况，对植被覆盖具有一定的标识意义。按不同的计算和监测方法可分为不同种类的植被指数。当前，国内外学者已经研究发展了 40 多种不同的植被指数，大致可分为 3 类：

（1）直接基于波段的线性组合（差或和）或原始波段的比值构成，既没考虑大气影响、土壤亮度和土壤颜色，也没考虑土壤与植被间的相互作用；如 DVI\EVI（Difference Vegetation Index，差值\环境植被指数：DVI= NIR-R）和 RVI RVI（Ratio Vegetation Index，比值植被指数：RVI=NIR/R）。

（2）基于物理知识，将电磁波辐射、大气、植被覆盖和土壤背景的相互作用结合在一起考虑，尽量剔除大气环境、土壤背景等影响因子，通过数学和物理及逻辑经验以及通过模拟将原植被指数不断改进发展而来。如：

SAVI\MSAVI[Soil Adjusted Vegetation Index，土壤调节植被指数：SAVI=（NIR-R）/（NIR+R+L）（1+L），其中 L 为土壤调节系数]；PVI（Perpendicular Vegetation Index，垂直植被指数：PVI=$\sqrt{(S_R-V_R)^2+(S_{NIR}-V_{NIR})^2}$，$S$ 是土壤反射率，V 是植被反射率，在 R-NIR 的二维坐标系内，植被像元到土壤亮度线的垂直距离）；ARVI[Atmospherically Resistant Vegetation Index，抗大气植被指数：ARVI=$(\rho_{NIR}-\rho_{RB})/(\rho_{NIR}+\rho_{RB})$]；GEMI[Global Environment Monitoring Index，全球环境监测植被指数：GEMI=0.6×（NDVI）+0.36]；NDVI（Normalized Difference Vegetation Index，归一化植被指数，又称归一化差分植被指数或标准差异植被指数）等。它们普遍基于反射率值、遥感器定标和大气影响并形成理论方法，解决与植被指数相关的但仍未解决的一系列问题。

（3）针对高光谱遥感及热红外遥感而发展的植被指数。如，TSVI（Time Series Vegetation Index，时间序列遥感植被指数）、PRI[（光化学植被指数，是指 531 nm 和 570 nm 处反射率的归一化植被指数：PRI=$(\rho_{531}-\rho_{570})/(\rho_{531}+\rho_{570})$，$\rho_{531}$ 和 ρ_{570} 分别表示 531 nm 和 570 nm 处的反射率，一般将 531 nm 称为测量波段，570 nm 称为参照波段]。

尽管许多新的植被指数考虑了土壤、大气等多种因素并得到发展，但是应用最广的还是 NDVI，并经常用 NDVI 作为参考来评价基于遥感影像和地面测量或模拟的新的植被指数。NDVI 是利用植物叶面在可见红光波段有很强的吸收特性和在近红外波段有很强的反射特性，因其对植被覆盖度的检测幅度较宽，有较好的时间和空间适应性，在分类中，采用 NDVI 区分耕地与建筑区、林地与裸地有良好的效果，因此 NDVI 是使用最广泛且效果较好的一种植被指数。

NDVI 通过对遥感数据这两个波段值采用以下公式求出具体的值：

NDVI = (NIR-Red)/(NIR+Red)，或 NDVI = $(\rho_{NIR}-\rho_{Red})/(\rho_{NIR}+\rho_{Red})$

（7.10）

这里，NIR（Near IR）表示近红外波段（0.845～0.885），Red 代表可见红光波段（0.630～0.680），ρ_{NIR}、ρ_{Red} 分别 NIR、Red 波段的反射率。

在实际应用中，一般直接用遥感影像数据的波段计算即可得到 NDVI，如在 Landsat 8 OLI 中，Band5 表示近红外波段，Band4 表示红光波段，所以可通过以下公式来计算 NDVI：

$$NDVI=(Band5-Band4)/(Band5+Band4) \tag{7.11}$$

NDVI 的取值范围为[-1，1]，其中，

NDVI<0：地面覆盖为水、雪或空中的有云等，对可见光反射较高；

NDVI=0：有岩石或裸地等，NIR 和可见光反射率相似；

NDVI>0：有植被覆盖，且随覆盖度增大而增大。

本研究基于 Landsat 8 OLI 的遥感影像经前期 K-T 转换数据处理后在 ENVI 中生成了东莞市 NDVI，如图 7.5 所示。

图 7.5　东莞市 NDVI 图

3. MNDWI 的提取

NDWI（Normalized Difference Water Index，归一化水体指数），是用遥感影像的特定波段进行归一化差值处理，以突显遥感影像中的水体信息，水体的反射从可见光到中红外波（MIR）段逐渐减弱，在近红外（NIR）和中红外波段范围内吸收性最强，几乎无反射。1996 年，S. K. McFeeters 和

Bo-cai Gao 分别对 NDWI 提出了各自的定义：近红外波段和短波波段的反差。

Mcfeeters 的定义：NDWI $=(\rho_{Green}-\rho_{NIR})/(\rho_{Green}+\rho_{NIR})$；

Gao 的定义：NDWI $=(\rho_{NIR}-\rho_{MIR})/(\rho_{NIR}+\rho_{MIR})$。

Mcfeeters 的定义一般用来提取影像中的水体信息，效果较好，但如果用来提取有较多建筑物背景的水体（如城市中的水体），效果较差；Gao 的定义比较适合于研究植被的含水量，可有效地提取植被冠层的水分含量，对于旱情监测的应用效果较好。

针对 Mcfeeters 提出的 NDWI 因只考虑了植被因素而忽略了土壤/建筑物这种地类，因建筑物在绿光（TM 和 OLI 中分别为第 2、3 波段）和近红外波段（TM 和 OLI 中分别为第 5、6 波段）的波谱特征与水体几乎一致，也即在绿光的反射率大于近红外波段且具有较大的反差（建筑物和土壤也呈正值，有的数值还比较大），导致提取的水体信息（特别是在提取城市范围内的水体信息）中存在噪声。2005 年，福州大学徐涵秋教授提出了改进的归一化差异水体指数 MNDWI（Modified NDWI），并给出了如下定义：

$$MNDWI =(\rho_{Green}-\rho_{SWIR})/(\rho_{Green}+\rho_{SWIR}) \tag{7.12}$$

式中，ρ_{Green} 和 ρ_{SWIR} 代表影像绿光波段反射率和短波红外反射率，在 Landsat 8 OLI 影像中分别对应波段 3 和波段 6。

在 Landsat 8 OLI 影像中，MNDVI 的求解公式为：

$$MNDWI = (Band3-Band6)/(Band3+Band6) \tag{7.13}$$

东莞市水网密布，河流、水库较多，为了准确地提取东莞市的土地利用类型，我们引入了 MNDWI 更好地将水体（河流、水库等）与其他地物区分开来。

将下载的 2018 年 5 月 3 日的 Landsat 8 OLI 影像经过以下步骤提取MNDWI 数据：

首先，在 ENVI 软件中，将像元 DN（亮度灰度值）采用以下公式转换成 TOA（绝对的辐射亮度或者表观反射率），也即辐射定标。

$$TOA = gain \times DN + offset \tag{7.14}$$

式中，gain 表示增益，offset 表示偏置，这两个参数都能够从 Landsat-8 的头文件中查找到。

再经过：大气校正→几何校正→（图像融合）→镶嵌/拼接→裁剪，得到东莞市区域的遥感影像 img（dgOLI.tif）文件。

其次，采用 Python 语言来实现 MNDWI 的提取。

（1）根据公式（7.3），采用直接加载第三和第五波段来提取 MNDWI，因初步计算出来的 MNDWI 中有很多噪声，因此考虑利用形态学开运算去除噪声。CreateMNDWI.py 代码如下：

```python
import numpy as np
import cv2


def CreateMNDWI(img, threshold=0.4):
    """
    该函数采用最简单的 MNDWI 进行水体的提取。
    需要输入的参数为加载好的影像 img 和阈值 threshold
    返回为提取好的水体掩模
    """
    # MNDWI 用到了 Landsat 8 OLI 的第 3 和第 5 波段，先找到这两个波段

    green = img[3]
    nir = img[6]


    # 计算 MNDWI 并创建掩模
    ndwi = (green – nir) / (green + nir)


    # 根据阈值来确定掩模的值
    for row in range(ndwi.shape[0]):
        for col in range(ndwi.shape[1]):
            if ndwi[row, col] >= threshold:
                # ndwi_mask[row, col] = 1
                ndwi[row, col] = 1
            else:
```

$$ndwi[row, col] = 0$$

```
# 最后对图像进行开运算进行去噪，即先腐蚀后膨胀
kernel = np.ones((5, 5), np.uint8)
opening = cv2.morphologyEx(ndwi, cv2.MORPH_OPEN, kernel)
return opening
```

（2）创建主文件 main.py 完成图像加载并调用方法 CreateMNDWI()并制作 shpfile 文件。

```
from osgeo import ogr, osr            # 导入处理 shp 文件的库
from osgeo import gdal, gdal_array    # 导入读取遥感影像的库
from CreateMNDWI import *             # 导入湖泊提取方法


def main(img_dir):
    # 加载影像，使用 gdal 将其加载到 numpy 中
    img = gdal_array.LoadFile(img_dir)

    # 调用湖泊提取方法，返回一个二值影像
    extracted_img =CreateMNDWI(img)
    # 保存二值影像
    gdal_array.SaveArray(extracted_img.astype(gdal_array.numpy.
uint8),
                        'dg_extra_img.tif', format="GTIFF", prototype=")
    # 对提取的结果进行去噪处理，并将其转化为 shp 文件
raster2shp()
def raster2shp(src="dg_extra_img.tif"):
    """
    函数输入的是一个二值影像，利用这个二值影像，创建 shp 文件
    """
    # src = " dg_extra_img.tif"
    # 输出的 shapefile 文件名称
```

```python
tgt = "dg_extract.shp"
# 图层名称
tgtLayer = " dg_extract "
# 打开输入的栅格文件
srcDS = gdal.Open(src)
# 获取第一个波段
band = srcDS.GetRasterBand(1)
# 让 gdal 库使用该波段作为遮罩层
mask = band
# 创建输出的 shapefile 文件
driver = ogr.GetDriverByName("ESRI Shapefile")
shp = driver.CreateDataSource(tgt)
# 拷贝空间索引
srs = osr.SpatialReference()
srs.ImportFromWkt(srcDS.GetProjectionRef())
layer = shp.CreateLayer(tgtLayer, srs=srs)
# 创建 dbf 文件
fd = ogr.FieldDefn("DN", ogr.OFTInteger)
layer.CreateField(fd)
dst_field = 0
# 从图片中自动提取特征
extract = gdal.Polygonize(band, mask, layer, dst_field, [], None)


if __name__ == '__main__':
    main('dgOLI.tif')
```

最后，生成的.shp 文件在 ArcGIS 制作的东莞市 MNDWI 结果如图 7.6
所示。

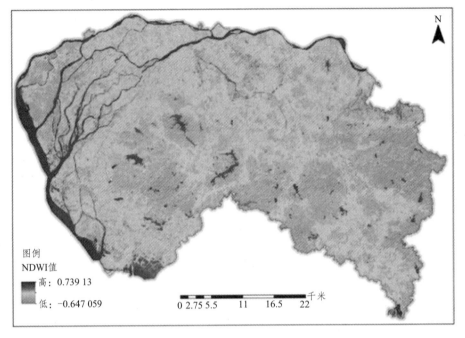

图 7.6　东莞市 MNDWI 图

4. NDBaI 的提取

为了区分建筑物和裸土，我们引入了 NDBaI（Normalized Difference Bareness Index，归一化裸土指数）。NDBaI 是通过分析不同土地利用/覆盖类型的光谱特征而提出来的。

在国内，已有学者将 NDBaI 应用于土地分类中，陈晓玲等（2006）将 NDBaI 应用于深圳不同土地类型和热岛效应的关系研究；刘璞等（2009）基于海拔高程、坡度、坡向、NDVI、MNDWI、NDBaI 和 NDBaI 7 个信息结合 TM 图像利用 SAM 进行了浙江富阳市和义乌市土地利用分类研究；孙芹芹等（2010）使用 NDVI、MNDWI、NDBaI 以及 NDBaI 基于广州市土地分类来研究不同土地利用类型的城市热环境效应；晏明等（2012）使用 ETM 遥感数据计算出的 NDVI、NDWI、NDBaI 与 NDBaI 参数对长春市进行土地覆盖的分类。上述学者提出的 NDBaI 的计算公式如下：

$$NDBaI = \frac{NIR - SWIR1}{NIR + SWIR1}$$

在 Landsat 8 OLI 影像中，NDBaI 的求解公式为

$$NDBaI = (Band5\text{-}Band6)/(Band5\text{+}Band6) \qquad （7.15）$$

Landsat 8 OLI 影像提取 NDBaI 的过程与求解 NDVI 的过程类似，最后求得东莞市的 NDBaI 结果如图 7.7 所示。

图 7.7　东莞市 NDBaI 图

5. Slope 的计算

坡度（Slope）是地表单元陡缓的程度，通常把坡面的垂直高度 h 和水平距离 l 的比叫作坡度（或叫作坡比）。常用以下两种方法来表示：

（1）百分比法。两点的高程差与其水平距离的百分比，其计算公式如下：

$$坡度 = (高程差/水平距离)\times 100\%$$

（2）度数法。用度数来表示坡度，利用反三角函数计算而得，其公式如下：

$$\alpha(坡度)= \arctan(高程差/水平距离)$$

在栅格图像中，坡度是指各像元中 z 值的最大变化率。坡度计算一般采用二次拟合曲面法，即 3×3 的窗口，如图 7.8 所示，每个窗口的中心为一个高程点，中心点 e 其坡度计算计算公式如下：

e5	e2	e6
e1	e	e3
e8	e4	e7

图 7.8　3×3 的窗口示意图

$$Slope = \tan \sqrt{slope_x^2 + slope_y^2}$$

$Slope_x$ 为 x 方向的坡度，$Slope_y$ 为 y 方向的坡度。

计算 $Slope_x$ 和 $Slope_y$ 的方法主要有以下 4 种算法：

算法 1：$Slope_x = \dfrac{e_1 - e_1}{2 \times Cellsize}$，$Slope_y = \dfrac{e_4 - e_2}{2 \times Cellsize}$；

算法 2：$Slope_x = \dfrac{(e_8 + 2e_1 + e_5) - (e_7 + 2e_3 + e_6)}{8 \times Cellsize}$，

$\qquad Slope_y = \dfrac{(e_7 + 2e_4 + e_8) - (e_6 + 2e_2 + e_5)}{8 \times Cellsize}$；

算法 3：$Slope_x = \dfrac{(e_8 + \sqrt{2}e_1 + e_5) - (e_7 + \sqrt{2}e_3 + e_6)}{8 \times Cellsize}$，

$\qquad Slope_y = \dfrac{(e_7 + \sqrt{2}e_4 + e_8) - (e_6 + \sqrt{2}e_2 + e_5)}{8 \times Cellsize}$；

算法 4：$Slope_x = \dfrac{(e_8 + e_1 + e_5) - (e_7 + e_3 + e_6)}{8 \times Cellsize}$，$Slope_y = \dfrac{(e_7 + e_4 + e_8) - (e_6 + e_2 + e_5)}{8 \times Cellsize}$

式中，Cellsize 为格网 DEM 的间隔长度。算法 1 的计算精度和效率最高；ArcMap 采用算法 2，计算精度和效率次之；ERDAS Imagine 采用算法 4。

由于东莞地势起伏不大，为了更好地区分草地与耕地，草地主要分布在低山丘陵地区，与耕地在地势上有较大的差异，我们引入了基于 DEM 生成的 Slope 数据。

采用 Python 实现 DEM 提取东莞市 Slope 数据，结果如图 7.9 所示。

图例
坡度
高：45.3
低：0

0 2.75 5.5   11   16.5   22 千米

图 7.9   东莞市 Slope

基于 DEM 数据提取 Slope 的 Python 实现代码如下：

```
import arcpy
from arcpy import env
from arcpy.sa import *
env.workspace = "D:/PHD/RSData/DEM"
outSlope = Slope("dg_DEM", "PERCENT_RISE", 0.3043)
outSlope.save("D:/PHD/VI/dg_slope")
```

五、典型地物特征值的统计

专家知识决策树分类的步骤大体上可分为 4 步：规则定义、规则输入、决策树运行和分类后处理。其中，算法的关键是规则的获取，本研究通过经验和专家知识从样本中获取规则，通过对统计各地物光谱曲线、NDVI/

NDWI/NDBaI 光谱曲线、DEM 平均值和 Slop 平均值来定义分类规则。

（1）选取地物类型。

参照《中华人民共和国土地利用现状分类国家标准》，根据东莞市的具体情况采用土地利用二级分类系统，分为耕地、林地、草地、水域、建设用地、未利用地 6 大土地类型。

（2）典型地物特征值统计。

对各类地物的训练区内的 NDVI、MNDWI、NDBaI 和 Slope 值进行统计（Statistics）后再在 Excel 中进行分析，得到统计曲线和平均值统计图（见图 7.10）。为了辅助识别影像的各个地物，本研究对遥感影像进行了缨帽变换。

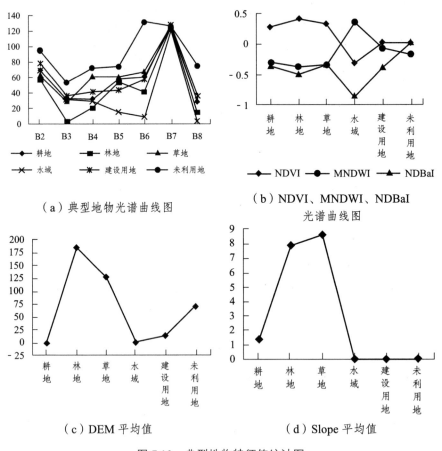

（a）典型地物光谱曲线图

（b）NDVI、MNDWI、NDBaI 光谱曲线图

（c）DEM 平均值

（d）Slope 平均值

图 7.10　典型地物特征值统计图

六、土地利用分类提取实验

研究中利用 Landsat OLI 高分辨率影像提取 2 000 个象元的土地类型典型样本数据，将 75%的样本作为训练样本，25%作为评价样本。为了减少人为因素对分类结果的影响，在研究区中选了 600 个随机点，在 ENVI 中随机点使用 ROI 采样工具选择训练样本。根据前文所求出的数据的特征值，在 ENVI 中经过多次试验，最终确定各结点和阈值的大小，训练得到共有 6 个叶片，11 个节点的决策树，形成如下决策树的分类规则。最终形成的决策树模型如图 7.11 所示。

Class1（水体）：MNDWI>0.2；

Class2（未利用土地）：MNDWI<=0.2，NDVI<=0.15，NDBaI>=-0.05；

Class3（建设用地）：MNDWI<=0.2，NDVI<=0.15，NDBaI<-0.05；

Class4（林地）：MNDWI<=0.2，NDVI>0.15，b3+b4<52；

Class5（草地）：MNDWI<=0.2，NDVI>0.15，b3+b4>=52，Slope>=5；

Class6（耕地）：MNDWI<=0.2，NDVI>0.15，b3+b4>=52，Slope<5。

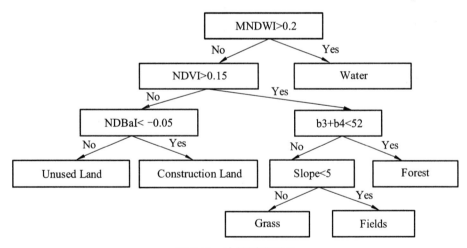

图 7.11　决策树模型图

在 ENVI5.3 中运行决策树可得出土地类型分类结果，但因分类过程是按像元逐个进行的，输出的分类结果图一般会出现成片的某一地物类别中存在零星异类像元零散分布的情况。这些像元所占面积很小可以忽略，所以我们可直接去除或者将其归类到附近较大分类的图斑中去，这样就可以提高分类效果。东莞市土地利用类型分类结果如图 7.12 所示。

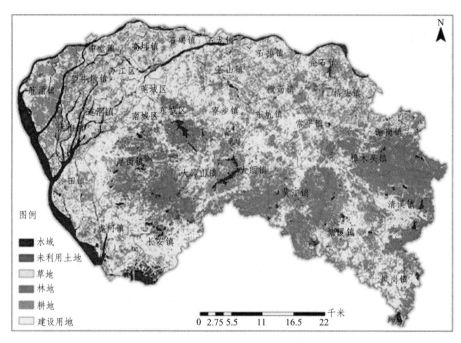

图 7.12　东莞市土地利用分类图

对上述决策树进行土地分类结果进行精度评价，如表 7.2 所示。从分类结果可以看出，总体精度达到 86.7%，Kappa 系数达到 0.863，说明分类结果较好。

表 7.2　分类精度评价

地物	系统精度	用户精度
耕地	88.77	89.08
林地	86.27	89.99
草地	85.19	84.96
水域	86.94	85.89
建设用地	88.65	87.58
未利用地	81.32	84.29

注：总体精度=86.71%，Kappa 系数=0.863。

第四节　东莞市植被适宜性评价

植被指数通过土地植被特征的指数和土地利用类型表示，本研究运用如下模型求出东莞市的植被指数：

$$LCI=NDVI\times LT_i \tag{7.16}$$

式中，LCI 为植被指数；NDVI 为此单元的归一化植被指数；LT_i 为各土地利用类型的权重，对权重的选取综合考虑研究区土地类型和植被特征以及本研究的目的，通过专家打分、层次分析法以及参考国家人口和计划生育委员会制定的《国家人口发展功能区工作技术导则》和相关研究（罗洁琼，2013；周莉等，2011），得出 6 大类中的 25 类二级土地利用类型权重（见表 7.3）。

表 7.3　土地利用类型权重（单位：%）

	1. 耕地		2. 林地				3. 草地			4. 水域				5. 建设用地			6. 未利用地		
土地利用类型	水田 11	旱地 12	有林地 21	灌木林 22	疏林地 23	其他林地 24	高覆盖度草地 31	中覆盖度草地 32	低覆盖度草地 33	河渠 41	湖泊 42	水库 43	滩地 44	城镇用地 51	农村居民用地 52	其他建设用地 53	裸土地 61	裸岩石砾地 62	其他未利用地 63
权重	8	7	10	6	6	4	5	5	3	8	6	6	3	8	6	4	2	1	2
合计	15		26				13			23				18			5		

借助 ArcGIS 软件，先将东莞市土地利用分类栅格数据转换为面数据，再在面数据增加一个权重字段并按照表通过字段计算器对耕地、林地、草地、水域、建设用地和未利用地等 6 大类土地利用类型的权重进行赋值，最后按权重字段将其转换为栅格数据集，得到土地利用类型权重栅格数据集。

在 ArcGIS 中通过栅格计算器应用公式（7.4）生成东莞市植被指数栅格，如图 7.13 所示。

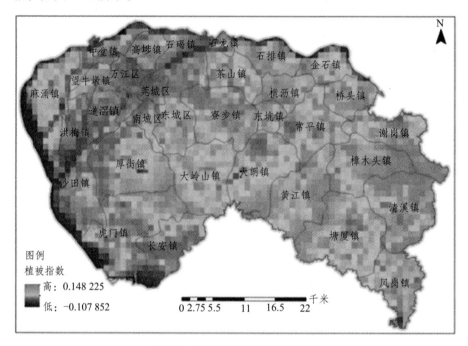

图 7.13 东莞市植被指数分布图

一、区域植被适宜性布局分析

从图 7.11 可以看出，因受 NDVI 和土地利用类型的影响，植被指数空间分布差异较大。总体上，指数值范围在-0.107 852 ~ 0.148 225。因东莞市整体海拔不高，清溪、樟木头、黄江、厚街等山区片海拔比较高的地区植被指数比较高，水系比较密集的地区植被指数比较低，东江、珠江、寒溪水等主要河流附近的植被指数相对较低。

二、镇街植被适宜性空间布局分析

为了更好地了解东莞市各镇街的植被状况，在 ArcGIS 中采用区域分析

可求出东莞市各镇街的植被指数数据，具体如表 7.4 所示，分布图如图 7.14
所示。

表 7.4　东莞市镇街植被指数和 NDVI 值

序号	镇街	LCI	NDVI
6	石龙镇	−0.010 8	−0.031 8
20	沙田镇	−0.007 2	−0.008 3
5	石碣镇	−0.001 4	0.009 9
11	洪梅镇	−0.000 6	0.023 0
3	中堂镇	0.003 1	0.039 0
12	道滘镇	0.003 5	0.036 9
14	莞城区	0.003 7	0.021 8
13	万江区	0.004 0	0.033 4
1	麻涌镇	0.007 0	0.080 1
7	石排镇	0.010 1	0.074 4
26	长安镇	0.011 7	0.061 7
4	高埗镇	0.013 0	0.088 1
8	企石镇	0.016 1	0.104 0
9	桥头镇	0.016 2	0.102 6
16	南城区	0.019 5	0.109 4
17	寮步镇	0.019 7	0.109 6
32	横沥镇	0.019 9	0.117 8
30	茶山镇	0.020 8	0.124 0
2	望牛墩镇	0.020 9	0.131 9
25	虎门镇	0.021 2	0.103 6
18	东坑镇	0.022 3	0.127 7
19	常平镇	0.022 3	0.130 4

续表

序号	镇街	LCI	NDVI
15	东城区	0.024 6	0.118 3
29	凤岗镇	0.037 4	0.180 5
21	厚街镇	0.037 5	0.177 1
31	大岭山镇	0.038 4	0.193 6
22	大朗镇	0.044 9	0.211 2
27	塘厦镇	0.049 2	0.233 3
10	谢岗镇	0.055 3	0.246 5
23	黄江镇	0.071 4	0.304 2
28	清溪镇	0.076 0	0.316 4
24	樟木头镇	0.081 5	0.335 1

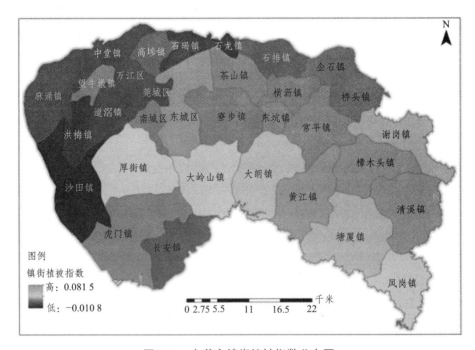

图 7.14 东莞市镇街植被指数分布图

从表 7.4 可看出，东莞市除了沙田、石碣镇、中堂、道滘、洪梅、麻涌和万江区这几个水乡片区因水系发达以及石龙和莞城 2 个老城区因建筑物密集植被覆盖率低外，其他镇街也基本在 0.01 以上，特别是谢岗、黄江、清溪和樟木头 4 个山片区因草地、林地和耕地较多，植被覆盖度较高，植被适宜性较好。

东莞市人居环境自然适宜性综合评价

第一节 人居环境自然适宜性综合评价模型的确定

人居环境自然适宜性主要受到地形、气候、水文和植被 4 个因子的影响，这 4 个因子之间既有内部的相关性（相互影响），又对适宜性具有不同的贡献性（权重），所以，要对人居环境自然适宜性做出综合性评价比较困难，如何设计一个比较准确的评价模型至关重要。鉴于此，国内外众多学者对此问题进行了探索和研究，本研究参考封志明等提出的人居环境指数模型来实现东莞市人居环境自然适宜性综合评价。

在应用地形起伏度、温湿指数、水文指数和植被指数定量评价东莞市人居环境的地形、气候、水文和植被等单要素的基础上，为增进各因子之间的横向可比性，对各单项因子进行了标准化处理。以多因子加权叠加构建人居环境自然适宜性综合评价模型，根据各单因子与人口密度的相关性大小并采用 BP 人工神经网络算法确定评价因子权重。人居环境指数（HEI）的计算公式如下：

$$HEI = \alpha \cdot NRDLS + \beta \cdot NTHI + \chi \cdot NWRI + \delta \cdot NLCI \qquad (8.1)$$

式中，HEI 为人居环境指数，NRDLS 为标准化地形起伏度，NTHI 为标准化温湿指数，NWRI 为标准化水文指数，NLCI 为标准化植被指数，α、β、χ 和 δ 分别为地形起伏度、温湿指数、水文指数和植被指数对应的权重（苏华，2010）。封志明（2008）等得出了如表 8.1 所示的中国人居环境指数及其权重。

表8.1　中国各自然地理区单因子指数与人口密度的相关系数及其权重

	东北区		华北区		华中区		华南区		西南区		西北区	
	相关性	权重	相关性	权重	相关性	权重	相关性	权重	相关性	权重	相关性	权重
RDLS	0.80	0.29	0.81	0.24	0.84	0.28	0.84	0.33	0.82	0.30	0.61	0.25
THI	0.71	0.26	0.87	0.26	0.85	0.28	0.82	0.32	0.84	0.31	0.41	0.16
WRI	0.58	0.21	0.88	0.27	0.58	0.19	0.42	0.16	0.37	0.14	0.71	0.29
LCI	0.67	0.24	0.75	0.23	0.74	0.25	0.49	0.19	0.69	0.25	0.75	0.30

资料来源：封志明等，《基于 GIS 的中国人居环境指数模型的建立与应用》，地理学报，2008 年第 63 卷第 12 期。

　　考虑到东莞市的自然特征与华南地区的一般情况有所不同，每个单因子在综合评价中的贡献率也不一定完全按照表 8.1 中的权重。为了使本研究的结果更接近东莞的现实情况，本研究采用了 BP 神经网络算法来求解单因子权重。

　　在东莞市人居环境指数计算的基础上，根据人居环境指数高低及其相关因子（地形起伏度、气候指数、水文指数和植被指数）的分布特征，确定东莞市人居环境自然适宜性综合评价标准，并据此将东莞市的人居环境自然适宜性分为 6 类：高度适宜区、一等比较适宜区、二等比较适宜区、一等一般适宜区、二等一般适宜区、临界适宜区。然后在此基础上求出基于镇街的人居环境自然适宜性综合指数，并据此将东莞市 32 个镇街的人居环境自然适宜性分为 3 类：二等一般适宜区、一等一般适宜区和二等比较适宜区。

第二节　评价因子的标准化处理

　　人居环境适宜性综合评价的指标可分为 3 种类型：正向指标、适度指标和逆向指标。其中，正向指标的值越大适宜性越好，如植被指数、水文指数；适度指标的值越接近某一个值，适宜性等级越高，如温湿指数；逆向指标值越小适宜性越高，如地形起伏度。本研究中，正向指标采取最大效果法来实现标准化[式（8.2）]，逆向指标采取最小效果法来实现标准化[式（8.3）]，适度指标采取中心效果法来实现标准化[式（8.4）]。

$$x_i' = 100 \times \frac{x_i - x_{\min}}{x_{\max} - x_{\min}} \qquad\qquad (8.2)$$

$$x_i' = 100 \times \frac{x_{\max} - x_i}{x_{\max} - x_{\min}} \qquad\qquad (8.3)$$

$$x_i' = \begin{cases} 100 \times \dfrac{x_i - x_{\min}}{k - x_{\min}} & x_i < k \\[2ex] 100 \times \dfrac{x_{\max} - x_i}{x_{\max} - k} & x_i > k \end{cases} \qquad\qquad (8.4)$$

式中，x_i 表示该指标的第 i 个栅格的实际值，x_i' 表示正向化后的值，k 为该因子最适度的值。

经标准化处理后，因子间就不存在量纲、数量级和变异程度的差异了，然后将标准化处理后的数据用于权重的确定以及最后综合指数的计算。

4 个评价因子指数经上述方法归一化后得到如图 8.1 的分布图。

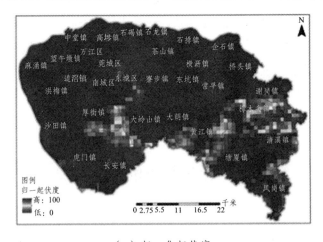

（a）归一化起伏度

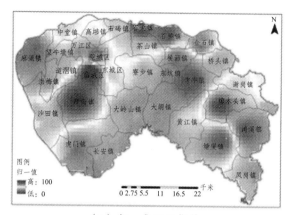

（b）归一化温湿指数

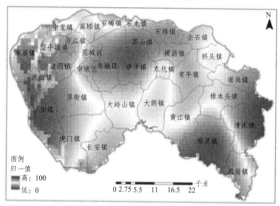

（c）归一化水文指数

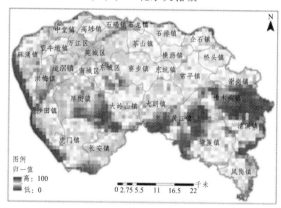

（d）归一化植被指数

图8.1　单因子指数归一化处理结果

第三节　基于 BP 神经网络算法确定评价因子权重

指标权重是指标在综合评价过程中不同重要程度的反映，是指标在综合评价结果中相对重要程度的一种主观评价和客观反映的综合度量。权重的确定对评价结果的合理、准确、科学至关重要。因此，必须选择一种合理的权重确定方法来确定科学、客观的权重。

一、指标权重确定方法研究现状

国内外学者围绕综合评价中指标权重的确定方法开展了大量研究，并取得了丰硕的成果。分析国内外的研究得知，国内外的指标权重确定方法主要有这 3 类：主观赋权法、客观赋权法和主客观综合赋权法。

主观赋权法由决策者或专家根据知识经验、偏好进行主观判断而给各指标赋权值，主要有专家估测法（F. Shands，1986）、层次分析法 AHP（Analytic Hierarchy Process，T. L. Satty，1970）、专家调查法（Delphi 法，Olaf Helmer， Norman Dalkey et al.，1963；镇常青等，1987）、模糊综合分析法、二项系数法（程明熙等，1983）、环比评分法（陆明生等，1986）、最小平方法（Legendre，Adrien-Marie et al.，1805；陈挺等，1997）、关系分析法（G1 法）（郭亚军等，2007）等方法。这些方法较为成熟，但主观经验性强，客观性较差。

客观赋权法是根据原始数据运用统计方法计算得到指标权重，主要有：最大熵权技术法（Shannon，C. E.，1948；宣家骥等，1989）、多目标规划法（A. Charnes，W. W. Cooper，1955；樊治平等，1994）、拉开档次法、均方差法（Nobuyuki Otsu，1979；郭亚军，2002）、相关系数法（Karl Pearson，1904）、变异系数法 CV（标准差率法，Coefficient of Variation，时光新等，2000）、秩和比法 RSR（Rank-Sum Ratio，田凤调，1988）、离差最大化法（王应明等，1998）、简单关联函数法（Borel E，1896；黄祥志等，2006）、熵值法（朱顺泉，2002；A. Gorgij，2017）、相关性标准权重法 CRITIC 法（Criteria Importance Though Intercrieria Correlation，Diakoulaki，1995）、主成分分析法 PCA（Principal Component Analysis，K. Pearson，1901；H.A. Hotelling，1933；王应明等，1993）、因子分析法 FA（Charles Spearman，1904；Thurstone，1931；A. Bai，2015）、向量相似度法（焦利明等，2006）、灰色关联度法 GRA（Grey Relation Analysis，马崎英，1987）、优序图法 PC（Precedence Chart，P. E. Moody，1983）。

客观赋权法不依赖于人的主观判断，其客观性较强，被国内外众多学者所实证应用。随着人工智能技术的广泛应用，机器学习算法也被用于评价指标权重的计算。毛权等（1993）、李登峰等（1995）、宋如顺等（2000）提出了基于神经网络方法建立属性权重分配和调节模型；孙修东等（2003）引入附加动量法和变步长算法的改进 BP 网络算法建立了相应的多指标综合评价 BP 模型；王悦等（2007）将 BP 神经网络应用于综合评价决策中；苑韶峰等（2020）利用 BP 人工神经网络对浙江省县域的不同类型特色小镇的适宜性进行拟合运算；卢峰等（2021）通过 BP 网络模型计算出建设用地适宜性评价指标体系各要素的权重，完成景观融合视角下建设用地适宜性评价；杨波等（2021）采用随机森林算法计算权重构建评价模型，完成了张家界生态旅游适宜性评。客观赋权法主要根据原始数据之间的关系来确定权重，因此权重的客观性强，且不增加决策者的负担，具有较强的数学理论依据。但是这种赋权法没有考虑决策者的主观意向，因此确定的权重可能与人们的主观愿望或实际情况不一致，易使人困惑。

主客观综合赋权法是综合利用主客观赋权法的优点而将主观赋权法和客观赋权法结合在一起使用的，主要有：基于加法或乘法合成归一化的综合集成赋权法、基于离差平方和的综合集成赋权法、基于博弈论的综合集成赋权法、基于目标最优化的综合集成赋权方法。樊治平等（1998）针对多属性决策中属性权重的确定问题，提出了一种主客观信息的集成方法。陶菊春等（2001）推导出了一种兼顾主观偏好和客观信息的综合权重赋值法；徐泽水等（2002）提出了多属性决策组合赋权的一种线性目标规划方法；陈加良等（2003）提出了基于 Nash 的博弈论的综合主客观影响因素的综合集成赋权法；郭红玲等（2007）建立了基于空间距离的二次规划数学模型，提出了无人为赋值的主客观权重融合方案；陈伟等（2007）构建了基于离差平方和的综合集成赋权方法；马邦闯等（2020）结合层次分析法计算主观权重和基于条件熵的改进粗糙集方法计算分类指标属性的客观权重，再综合得到指标属性的组合权重；周文韬等（2021）结合层次分析法和变异系数法确定评价因子主客观权重，并借助 GIS 空间分析功能和叠加分析法对四川省内江市进行土地建设适宜性评价；迟文飞等（2021）利用 G1 法和层次分析法的线性组合确定了各个指标的权重；景耀斌等（2021）结合层次分析法确定主观权重和熵权法确定客观权重，并通过博弈论组合赋权法确定评价指标的综合权。

二、BP 神经网络算法

人工神经网络（Artificial Neural Network，ANN） 最早始于 1943 年 Meculloch 和 Pitts 提出的神经元的数学模型（W.S.Meculloch et al., 1943），从 20 世纪 80 年代开始成为人工智能领域的研究热点。神经网络是人脑神经元网络在信息世界的抽象化技术，通过建立某种简单模型（运算模型）将神经元（或叫处理单元）广泛地连接成非线性、自适应的网络系统。人工神经网络是由大量处理单元互联组成的信息处理系统。

神经网络属于一种并行分布式系统，有别于基于逻辑符号的传统人工智能，它具有自适应、自组织和实时学习的特点。学习是神经网络研究的一个重要内容，神经网络的学习算法有多种，根据所研究问题的目标和性质，本研究的评价模型采用 BP 神经网络来求解 4 个单因子在综合评价中的权重。

（2）BP 神经网络的学习算法。

BP 神经网络是目前最广泛的神经网络模型之一，它是在 1986 年由 D. E. Rumelhart 和 J. L. McClelland 等人提出的反向传播算法的基础上发展起来的，是一种按误差反向传播算法训练的多层次反馈型网络。它采用最速下降法的学习规则，通过逆传播方式来不断更新网络的阈值和权值，目标是使网络得到误差平方和最小。其拓扑结构包括输入层、隐含层和输出层，如图 8.2 所示（Yichun Peng et al.，2014）。

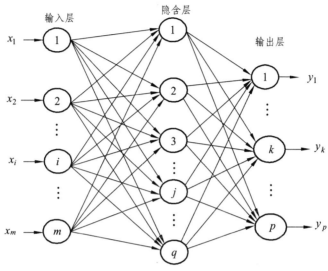

图 8.2　BP 神经网络结构

BP 神经网络算法是监督式的学习算法，其思想是：输入学习样本，在训练过程中使用反向传播算法反复调整网络的权值和偏差，目标是使输出结果与期望结果尽可能地接近，当输出层的误差平方和小于用户指定的误差时，训练完成并存储和输出网络的权值、偏差，算法结束（孙会君等，2001；孙修东等，2003；王悦等，2007）。其步骤如下：

（1）随机设置初始参数 ω 和 θ（ω 为初始权重，θ 为阈值，均为较小的数）。

（2）将已知的样本加到网络上，利用下式算出它们的输出值 y_j。

$$y_j = [1 + e^{-(\sum_i \omega_{ij} x_i - \theta_j)}]^{-1} \qquad (8.5)$$

式中，x_i 为该节点的输入（$i=1, \cdots, m$）；ω_{ij} 为从 i 到 j 的联接权（$i=1, \cdots, m$，$j=1, \cdots, n$），初始权重随机设为[0，1]较小的数；θ 为阈值；y_j 为实际算出的输出数据。

（3）按已知输出数据 d_j 与（2）中算出的输出数据 y_j 之差（$d_j - y_j$）来调整权系数 ω，调整量公式为：

$$\Delta\omega_{ij} = \eta\delta_j x_j \qquad (8.6)$$

式中，η 为比例系数，即学习率，在计算中设定为[0，1]的值，在网络训练中如果能保证既不引起振荡又有较高的精度，可逐步提高 η 值，直到满意的训练速度为止；x_j 在隐含层节点则为整个网络的输入，在输出节点中则为下层（隐含层）节点的输出（$j=1$，…，n）；δ_j 是一个与输出偏差相关的值，对于输出节点而言有：

$$\delta_j = \eta_j(1-y_j)(d_j - y_j) \qquad (8.7)$$

对于隐含层节点而言，由于它的输出无法进行比较，所以经过反向推算有：

$$\delta_j = x_j(1-x_j)\sum_k \delta_k \omega_{jk} \qquad (8.8)$$

式中，k 指要把上层（输出层）节点遍历一遍，误差 δ_j 是从输出层反向逐层计算的。

各层神经元的权值调整后为：

$$\omega_{ij}(t) = \omega_{ij}(t-1) + \Delta\omega_{ij} \qquad (8.9)$$

式中，t 为学习次数。

BP 算法从本质上讲是把一组样本的输入输出问题变为一个非线性优化问题，它使用了优化技术中最普通的一种梯度下降算法，用迭代运算求解权值相当于学习记忆问题。

三、BP 神经网络确定指标因子权重

1. 评价指标体系的神经网络结构

为了获得各评价指标的权重，我们采用了 BP 神经网络算法。首先，确定 BP 神经网络的层数以及每层的单元数，本研究要求出 4 个单项指标的权重，BP 神经网络的具体参数如表 8.2 所示。其中，根据：输入层神经元数目<隐含层的神经元数目≤输入层神经元数目+输出层神经元数目，本研究将隐含层神经单元数设为 5。本研究选用 Feed-Forward Backprop（前馈型

神经网络）网络类型，其网络结构如图 8.3 所示。选择隐含层和输出层神经元传递函数分别为 tansig 函数（正切 S 型传递函数）和 purelin 函数（线性传递函数），网络训练的算法采用 Levenberg-Marquardt 算法 trainlm，学习函数采用 Learngdm 函数（梯度下降动量学习函数）。

表 8.2　评价指标神经网络参数

模型参数	输入层神经单元数	输出层神经单元数	隐含层个　　数	隐含层神经单元数
评价指标神经网络	4	1	1	5

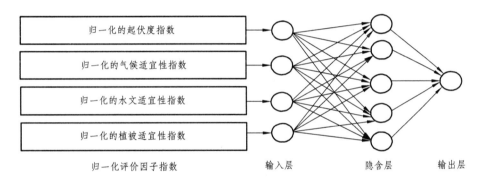

图 8.3　评价指标 BP 神经网络结构

2. 网络训练

网络建立后，需要选择样本对网络进行训练学习。选择样本时，样本数据的值相差不要太大。本研究通过建立评价指标特征和取值范围进行样本数据选择。网络训练中，虽然样本数量越多计算结果精度越高、训练效果也越好，但也不要一味地去追求数量，应根据具体的应用和网络大小确定合适的样本数。本研究根据一般选择样本的方法确定了 500 个样本（表 8.3 只选择了 21 个样本作为示例）对此神经网络进行训练，得出神经网络的训练结果（见表 8.4）。

表 8.3　21 个样本数据

序号	标准化起伏度	标准化温湿指数	标准化水文指数	标准化植被指数
1	1	-0.738 88	-1	-0.859 68
2	1	-0.723 05	-1	-0.868 54
3	1	-0.333 34	-1	-0.315 83
4	1	-0.261 61	-1	-0.682 87
5	1	-0.250 75	-1	-0.674 19
6	1	-0.220 16	-1	-0.728 88
7	1	-0.209 25	-1	-0.774 24
8	1	-0.189 05	-0.934 79	-1
9	1	-0.170 61	-0.860 45	-1
10	1	-0.170 22	-0.836 31	-1
11	1	0.013 563	-0.419 21	-1
12	1	-0.441 56	-0.797 52	-1
13	1	-0.911 87	-0.965 18	-1
14	1	-0.657 23	-0.388 1	-1
15	1	-0.825 2	-0.313 96	-1
16	1	-1	-0.261 3	-0.733 39
17	1	-1	-0.171 28	-0.043 49
18	1	-1	-0.104 94	-0.045 94
19	1	-1	-0.052 44	-0.977 23
20	1	-1	0.019 844	-0.510 58
21	0.969 48	-1	0.368 63	1

表 8.4　神经网络各种神经元权重系数表

隐含层单元	输入层单元				输出层单元
	1	2	3	4	
1	-17.123 3	-3.006 6	-8.280 1	16.613 2	0.498 25
2	-1.007 3	2.646 2	5.479 5	2.532 4	-64.234
3	0.549 46	0.556 04	1.402 8	-0.577 38	15.509 9

隐含层单元	输入层单元				输出层单元
	1	2	3	4	
4	9.239 2	-83.173 6	-71.900 4	-56.942 5	-0.750 58
5	46.347 2	-0.436 38	31.904 4	-10.898 5	0.533 7

把指标属性值归一化处理后，启动神经网络进行学习。经过 100 次循环学习后，样本期望输出值、网络输出结果如表 8.5 所示。

表 8.5　网络训练后结果分析表

样本数	样本期望输出	样本实际输出	误差
1	-0.993 39	-0.844 94	-0.148 45
2	-0.990 88	-0.843 36	-0.147 53
3	-0.984 73	-0.855 67	-0.129 05
4	-0.989 51	-0.828 15	-0.161 36
5	-0.938 68	-0.828 06	-0.110 62
6	-0.700 25	-0.823 79	0.123 54
7	-0.949 4	-0.821 13	-0.128 26
8	-0.812 4	-0.805 56	-0.006 842 4
9	-0.767 04	-0.799 9	0.032 8 63
10	-0.719 17	-0.798 43	0.079 26
11	-0.754 27	-0.782 22	0.027 943
12	-0.913 84	-0.802 84	-0.111
13	-0.869 84	-0.841 16	-0.028 684
14	-0.728 74	-0.787 46	0.058 714
15	-0.729 43	-0.787 23	0.057 805
16	-0.758 38	-0.791 67	0.033 294
17	-1	-0.802 08	-0.197 92
18	-1	-0.797 89	-0.202 11
19	-1	-0.782 97	-0.217 03
20	-1	-0.785 53	-0.214 47
21	-1	-0.999 06	-0.000 939 35

本研究采用 MSE 函数分析结果性能，最后得出的误差为：0.015 847 468。

3. 权重的求出

神经网络训练得到的结果只是各神经网络神经元之间的关系，要想得到输入因素对输出因素的权重，还需要对各神经元之间的权重加以进一步的分析和处理。为此本书利用以下几项系数和指数来描述输入因素和输出因素之间的关系。

相关显著性系数：

$$r_{ij} = \sum_{k=1}^{p} W_{ki} \frac{(1-e-x)}{(1+e-x)} \tag{8.10}$$

$$x = W_{jk} \tag{8.11}$$

相关指数：

$$R_{ij} = \left| \frac{(1-e-y)}{(1+e-y)} \right| \tag{8.12}$$

$$y = r_{ij} \tag{8.13}$$

绝对影响系数：

$$S_{ij} = \frac{R_{ij}}{\sum_{i=1}^{m} R_{ij}} \tag{8.14}$$

式中，i 为 BP 神经网络输入单元，$i=1$，…，m；K 为 BP 神经网络的隐含单元，$k=1$，…，p；j 为 BP 神经网络输出单元，$j=1$，…，n；W_{ki} 为输入层神经元 i 和隐含层神经元 K 之间的权重；W_{jk} 为输出层神经元 j 和隐含层神经元 k 之间的权重。上面 3 个相关系数中绝对影响系数 S_{ij} 就是我们所求的：输入层神经元 i 到输出层神经元 j 权重。

本次实验中，输入层到隐含神经元的权重如下：

−17.123 3	−3.006 6	−8.280 1	16.613 2；
−1.007 3	2.646 2	5.479 5	2.532 4；
0.549 46	0.556 04	1.402 8	−0.577 38；
9.239 2	−83.173 6	−71.900 4	−56.942 5；
46.347 2	−0.436 38	31.904 4	−10.898 5

隐含神经元到输出层的权重如下：

0.498 25   −64.234   15.509 9   −0.750 58   0.533 7

运用公式（8.10）~（8.14）得出各评价指标的权重如表 8.6 所示。

表 8.6 评价因子权重表

	起伏度	温湿指数	水文指数	植被指数
权重	0.200 4	0.242 5	0.320 9	0.236 2

四、BP 神经算法求出的权重和其他经验权重的结果对比分析

将 4 个单因子归一化指数以及参考封志明的《基于 GIS 的中国人居环境指数模型的建立与应用》中求出的权重和 BP 神经算法求出的权重通过 ArcGIS 的栅格计算器分别得出了如图 8.4 和 8.5 所示的东莞市人居环境指数分布图。

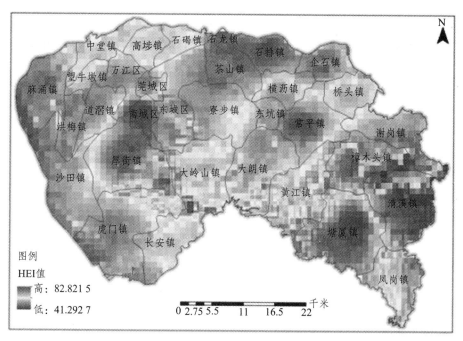

图 8.4 参考封志明权重求出的权重得出的东莞市人均环境被指数分布图

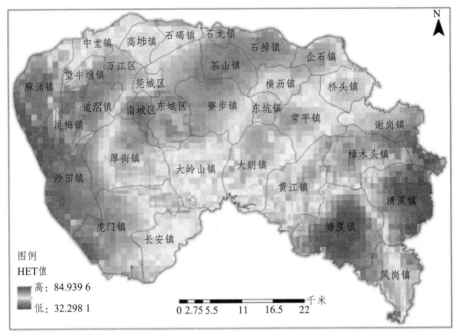

图 8.5　基于 BP 神经网络算法求出的权重得出的东莞市人均环境被指数分布图

图 8.4 和图 8.5 两者求出的结果大体相似。但两者与人口密度的相关性比较，BP 神经网络得出的结果相比要高，如表 8.7、8.8 所示。

表 8.7　Pearson 相关性比较

		以封志明权重	以 BP 神经网络权重
	Pearson 相关性	0.086**	0.088**
人口密度	显著性（双侧）	0.000	0.000
	N	2 054	2 054

注：**. 表示在 0.01 水平（双侧）上显著相关。

表 8.8　Kendall 的 tau_b、Spearman 的 rho 相关系数比较

		以封志明权重	以 BP 神经网络权重
	相关系数	0.047**	0.064**
Kendall 的 tau_b 人口密度	Sig.（双侧）	0.002	0.000
	N	2 054	2 054

续表

	以封志明权重	以 BP 神经网络权重
相关系数	0.069**	0.093**
Spearman 的 rho 人口密度 Sig.（双侧）	0.002	0.000
N	2 054	2 054

注：**.表示在置信度（双侧）为 0.01 时，相关性是显著的。

第四节　东莞市人居环境自然适宜性评价

一、区域人居环境自然适宜性分析

根据人居环境指数模型，以 1 km×1 km 栅格为基本研究单元，本研究计算得到了东莞市人居环境指数分布图（见图 8.6）。东莞市的人居环境指数介于 32.298 1～84.939 6，整体格局是中部和东部人居环境指数较高，往西和往南呈逐渐降低趋势。最低值在塘厦镇境内，最高值在清溪镇境内。参考已有的划分方法（封志明等，2006；邓神宝等，2014），结合东莞市自然因子特征、人居环境指数的范围以及人口分布与自然环境的相关性，按人居环境指数从高到低将东莞市划分为 I～VI 6 个等级区（见表 8.9）。

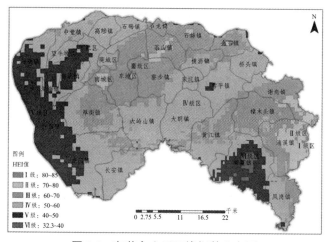

图 8.6　东莞市人居环境指数分布图

表 8.9　东莞市人居环境自然适宜性评价表

等级	自然适宜性	HEI 值		土地		人口		人口密度
		范围	均值	面积/km²	比例/%	总量/人	比例/%	人/km²
I	高度适宜区	80～85	80.75	3.950 1	0.16	41	0.01	10
II	一等比较适宜区	70～80	71.46	107.763 3	4.38	59 971	3.42	557
III	二等比较适宜区	60～70	63.4	754.074	30.64	600 144	34.2	796
IV	一等一般适宜区	50～60	55.45	1 193.344 2	48.49	932 895	53.17	782
V	二等一般适宜区	40～50	48.43	385.740 9	15.68	148 168	8.44	384
VI	临界适宜区	32.2～40	39.67	15.949 8	0.65	13 386	0.76	839
	全市	32.2～84.9	59.86	2 460.822	100	1 754 605	100	713

　　I级高度适宜区：人居环境指数介于 80～85，均值为 80.75，是全市人居环境自然适宜性最高的区域，几乎不受自然条件的限制，最适合人类居住。这部分区域极少，主要在清溪的东部，面积狭小，总面积 3.950 1 km²，占全市面积的 0.16%。相应人口 41 人，占全市人口的 0.01%，人口密度达到 10 人/km²。

　　II级一等比较适宜区：人居环境指数介于 70～80，均值为 71.46，自然环境的限制程度很低。主要分布在清溪、谢岗、南城、茶山和石龙等镇街，总面积 107.763 3 km²，占全市面积的 4.36%。相应人口 59 971 人，占全市人口的 3.42%，人口密度为 557 人/km²。

　　III级二等比较适宜区：人居环境指数在 60～70，均值为 63.4。分布范围较广，主要寮步、东城、厚街、茶山、石龙、石排、企石、谢岗、樟木头、黄江等比较集中，大朗、大岭山、虎门、长安、横沥较零散分布。总面积 754.074 km²，占全市面积的 30.64%。相应人口为 600 144 人，占全市人口的 34.2%，人口密度为 796 人/km²。此类型区所占面积较大、总人口较多、大部分区域的人口密度也较高，自然环境的限制性较小，较适合人类居住。

Ⅳ级一等一般适宜区：人居环境指数在 50～60，均值为 55.45。分布范围最较广，在桥头、横沥、常平、东坑、大朗、大岭山、长安、虎门、厚街、石碣、高埗、中堂、万江、莞城等镇街分布较集中，望牛墩、麻涌、道滘、洪梅境内分布相对零散，总面积 1 193.344 2 km²，占全市面积的 48.49%。相应人口 932 895 人，占全市总人口的 53.17%，人口密度为 782 人/km²，有一定的自然限制性。

Ⅴ级二等一般适宜区：人居环境指数介于 40～50，均值为 48.43。主要分布在麻涌、洪梅、沙田、望牛墩、道滘、虎门、万江等水乡片区和塘厦境内，总面积 385，740 9 km²，占全市面积的 15.68%。相应人口 148 168 人，占全市总人口的 8.44%，人口密度为 384 人/km²。受气候、植被、水文影响，自然限制性程度稍高，人口密度相对较小。

Ⅵ级临界适宜区：人居环境指数在 32.2～40，均值为 39.67，主要在塘厦境内。总面积 15.949 8 km²，占全市总面积的 0.65%。相应人口为 13 386 人，占全市总人口的 0.76%，人口密度为 839 人/km²。人类活动受自然条件限制最严重，勉强适合人类居住，但因靠近深圳，房价因比深圳低很多，因而在深圳上班的人较多在塘厦定居，因而人口密度最高。

综上所述，一等一般适宜区和二等比较适宜区面积最大，为 1 947.42 km²，占全市面积的 79.13%；其次为二等一般适宜区，占全市面积的 15.68%；高度适宜区只占 0.16%；临界适宜区也仅占 0.65%。一般适宜区面积最大、人口分布最多，面积达到 1 579.09 km²，占全市面积的 64.17%；共有 1 081 063 人，占全市人口的 61.61%；其次是比较适宜区，面积达到 861.84 km²，占全市面积的 35.02%，共 660 115 人，占全市人口的 37.62%。东莞市 99.23% 的人口生活在一般适宜区或比较适宜区，说明全市的人居环境自然适宜性程度适中，大部分地区地形、水文、植被等条件匹配较好，但总体适宜水平还有待进一步提高。

二、行政区人居环境自然适宜性分析

采用 ArcGIS 软件中空间分析模块的区域统计功能得到了东莞市镇街人居环境指数，如表 8.10 所示，分布图如图 8.7 所示。

表 8.10　东莞市镇街各种类型指数

序号	镇街	人居环境指数	起伏度	海拔高程	温湿指数	平均气温	水文指数	年降水量	植被指数	NDVI	人居环境自然适宜性
1	清溪	69.02	0.442 3	152.50	71.01	23.1	0.572 0	1 900.0	0.075 8	0.316 4	二等比较适宜
2	南城	68.37	0.050 5	50.21	71.34	22.9	0.494 6	1 842.8	0.020 0	0.109 4	
3	茶山	67.28	0.051 9	46.06	70.72	23.1	0.588 4	2 022.3	0.020 3	0.124 0	
4	石排	66.03	0.008 3	37.58	71.36	23.0	0.530 5	1 885.6	0.009 9	0.074 4	
5	谢岗	64.55	0.038 0	94.66	71.13	23.1	0.541 4	1 831.9	0.055 5	0.246 5	
6	东城	63.87	0.050 0	52.44	71.04	23.3	0.538 0	1 914.9	0.025 0	0.118 3	
7	石龙	63.63	0.007 4	25.46	71.33	22.9	0.438 8	1 742.1	-0.008 4	-0.031 8	
8	寮步	63.55	0.050 7	52.95	71.59	23.3	0.572 6	2 005.0	0.019 9	0.109 6	
9	樟木头	63.52	0.190 7	167.74	71.33	23.0	0.454 9	1 721.3	0.081 8	0.335 1	
10	企石	62.14	0.027 0	50.21	71.26	22.9	0.453 8	1 801.6	0.016 3	0.104 0	
11	横沥	59.62	0.019 1	47.28	71.28	23.3	0.513 9	1 862.3	0.019 8	0.117 7	
12	黄江	59.05	0.096 5	85.08	71.45	23.2	0.395 1	1 773.7	0.071 1	0.304 2	
13	厚街	58.84	0.148 9	79.59	70.91	23.1	0.317 1	1 570.2	0.037 0	0.177 1	
14	高埗	58.01	0.055 7	17.90	71.41	23.3	0.424 9	1 768.0	0.012 3	0.088 2	一等一般适宜
15	大岭山	57.45	0.043 6	66.67	71.50	23.3	0.429 4	1 738.7	0.038 9	0.193 6	
16	中堂	57.35	0.099 2	23.49	71.37	23.3	0.414 6	1 651.2	0.003 5	0.038 8	
17	长安	57.11	0.127 9	44.99	71.09	23.3	0.467 7	1 811.9	0.011 6	0.061 6	
18	莞城	56.85	0.068 8	43.33	71.21	23.5	0.503 8	1 826.3	0.003 4	0.021 8	
19	凤岗	56.48	0.276 9	71.26	71.18	23.3	0.308 6	1 601.9	0.037 6	0.180 5	
20	石碣	56.14	0.023 2	38.41	71.21	23.2	0.375 9	1 638.6	-0.002 8	0.009 9	

续表

序号	镇街	人居环境指数	起伏度	海拔高程	温湿指数	平均气温	水文指数	年降水量	植被指数	NDVI	人居环境自然适宜性
21	常平	55.79	0.050 0	50.16	71.48	23.4	0.466 8	1 843.3	0.022 6	0.130 4	
22	桥头	55.53	0.017 5	50.20	71.26	23.2	0.392 6	1 668.9	0.016 3	0.102 6	
23	大朗	55.47	0.122 9	61.82	71.40	23.3	0.377 8	1 643.2	0.045 0	0.211 2	一等一般适宜
24	东坑	54.41	0.047 1	49.98	71.43	23.3	0.400 1	1 675.6	0.021 8	0.127 7	
25	万江	53.00	0.045 6	19.47	71.10	23.3	0.328 3	1 529.1	0.004 3	0.033 4	
26	虎门	52.93	0.105 2	62.11	71.39	23.3	0.343 1	1 592.7	0.021 1	0.103 7	
27	望牛墩	52.71	0.019 4	7.66	71.17	23.3	0.304 6	1 522.6	0.018 1	0.132 1	
28	道滘	50.17	0.037 8	27.80	70.95	23.3	0.259 6	1 494.1	0.003 1	0.036 9	
29	麻涌	49.38	0.009 1	10.09	71.46	23.3	0.288 3	1 497.2	0.007 5	0.080 2	
30	洪梅	48.38	0.025 3	8.88	70.74	23.3	0.244 5	1 374.5	0.001 8	0.023 0	二等一般适宜
31	塘厦	47.65	0.371 1	65.80	70.99	23.3	0.162 4	1 355.6	0.049 0	0.233 3	
32	沙田	46.38	0.059 4	19.73	71.31	23.3	0.159 5	1 302.4	-0.007 9	-0.008 3	

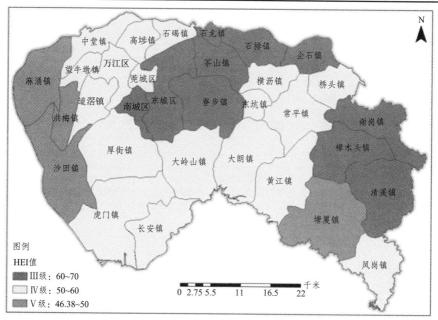

图 8.7　东莞市镇街人居环境指数分布图

东莞市人居环境自然适宜性都在一般适宜区以上，其中北部和东部优于西部、南部和中部的镇街。人居环境综合指数的高值区分布在清溪、南城、茶山、石排、谢岗、东城、石龙、寮步、樟木头、企石，属于二等比较适宜区；次高值区分布在横沥、黄江、厚街、高埗、大岭山、中堂、长安、莞城、凤岗、石碣、常平、桥头、大朗、东坑、万江、虎门、望牛墩、道滘，属于一等一般适宜区；低值区分布在麻涌、洪梅、塘厦、沙田几个镇。

第一节　东莞市人居环境自然适宜性的限制性分析

在 ArcGIS 中，利用"区域统计分析"工具对地形起伏度、温湿指数、水文指数和植被指数进行统计后提取其均值，生成东莞市人居环境自然因子评价表格。各类型区的相关要素均值及评价如表 9.1 所示。

一、人居环境自然适宜性Ⅰ、Ⅱ级区的限制性分析

Ⅰ级高度适宜区和Ⅱ级一等比较适宜区，这两类区域地形起伏度均值分别为 0.315 8 和 0.311 6，区域地势起伏不大，绝大部分地区地势平坦；就气候而言，温湿指数均值分别为 71.016 1 和 70.963 8，因东莞地处南亚热带，全年气候偏热但总体较舒适；植被指数均值分别为 0.117 1 和 0.075 4，说明这些区域的植被覆盖状况普遍较好；水文指数均值分别为 0.755 2 和 0.645 0，也反映出这些区域水资源比较充足、丰富，年均降水量超过 2 200 mm，水文比较发达，河网密集分布，汇水能力强。可见，这两类地区地势趋于平坦，气候偏热但较舒适，水资源充足丰富，植被丰富、较好，是较理想的人类聚居区。

表 9.1 东莞市各类型区的相关要素均值及评价

等级	自然适宜性	起伏度		温湿		水文		植被	
		均值	评价	均值	评价	均值	评价	均值	评价
I	高度适宜区	0.315 8	理想	71.016 1	偏热，较舒适	0.755 2	水源充足	0.117 1	地被丰富
II	一等比较适宜区	0.311 6	理想	70.963 8	偏热，较舒适	0.645 0	水资源丰富	0.075 4	地被较好
III	二等比较适宜区	0.161 3	理想	71.108 8	偏热，较舒适	0.493 0	半湿润易干	0.047 0	地被较好
IV	一等一般适宜区	0.096 0	理想	71.329 5	偏热，较舒适	0.384 3	少水的半干旱	0.025 6	地被一般
V	二等一般适宜区	0.030 0	理想	71.316 6	偏热，较舒适	0.207 6	少水的半干旱	−0.005 6	地被不好
VI	临界适宜区	0.050 3	理想	71.602 8	偏热，较舒适	0.078 6	缺水的干旱	0.009 3	地被不好

二、人居环境自然适宜性Ⅲ、Ⅳ级区的限制性分析

Ⅲ级二等比较适宜区：地形起伏度很小，均值只有 0.161 3；温湿指数均值分别为 71.108 8，气候也属于偏热但舒适；水文指数均值为 0.493 0，属于半湿润易干，这些区域河网不太密集，水库也少；植被指数均值为 0.047 0，这些区域大多数有森林覆盖，植被还比较好，但这些区域正处于经济快速增长阶段，城市建设的开发导致植被指数不如Ⅰ、Ⅱ级区域。由于Ⅲ级区的分布地域较广，各区域都有其适宜条件和也有限制方面，但适宜性和限制性的因素以及程度不尽相同。综合条件较好，较适宜人类居住和生活。

Ⅳ级一等一般适宜区：地形起伏度为 0.096 0，地形起伏度也属于理想水平；温湿指数均值为 71.329 5，气候属于偏热但较舒适区域；水文指数均值为 0.384 3，这些区域除了有零星小型水库外，基本没江河经过，属于少水的半干旱地区；区域集水和汇水能力弱，不利于天然植被和人工植被的生长，植被指数均值为 0.025 6，植被覆盖属于一般水平，林地和草地覆盖度不高。这部分区域大多数属于经济、商业较发达地区或人口密度比较大的区域，城市建筑比较密集，农林业不发达。这些区域主要受水文条件和植被覆盖的限制，属于适宜性相对较差的区域。

三、人居环境自然适宜性Ⅴ、Ⅵ级区的限制性分析

Ⅴ二等一般适宜区和Ⅵ级临界适宜区，主要属于水乡片区。虽然水域比较广，但因水田、鱼塘比较多，多数土地用于耕地和水田，生活用水和饮用水还是来自东江；绿化率不高，植被覆盖度比较低，分别为-0.005 6 和 0.009 3；水乡片区的海拔不高、地形起伏小，地形还较理想；温湿指数均值分别为 71.316 6 和 71.602 8，气候偏热但还比较舒适。这两类区域受降水、植被、水文条件的限制较大，特别是塘厦镇，因近几年经济增长迅速，深圳房价偏高，导致大量在深圳上班的人员到塘厦购房，城市建设发展较快，

使区域的生态受到破坏，已接近临界适宜区域。

综上所述，东莞市的不适宜性因素主要是气温偏高、干燥，水文状况不佳、水源不足，植被覆盖度分布不均衡。比较适宜因素是地形起伏度不大，土地利用率高，很适合经济的发展，但随着经济的发展、人口的剧增、汽车拥有量的剧增，气温逐年上升，给人类的适宜性带来不利因素。

第二节　东莞市人居环境自然适宜性优化建议

东莞市的人居环境总体比较适宜人类居住，地形起伏度不大，地势平缓，气温偏热但较舒适，西部区域河网密布，植被覆盖率相对较高；基于上述对东莞市人居环境自然适宜性评价和限制性分析，结合东莞市人居环境当前的现状，因东莞市地形起伏度不大且是非常客观的因子，故在地形因子上无须也无法做出相应的优化，但在水文建设、生态环境建设、土地利用和人口分布规划上可做相应的优化。为此，对东莞市人居环境未来的建设和发展提出以下几点优化建议：

一、注重水文建设和管理

强化中大型水库、东引运河、东江等水质的监测和保障，加强小型水利工程建设。因现代制造业而闻名的东莞，水质污染比较严重，要强化重要水域的水质监测和保护，加强河道长效管理；东莞水系较发达，江河和水库比较多，但分布不均匀、镇街间差异较大，以《粤港澳大湾区发展规划纲要》中提出的"要强化水资源安全保障，完善水利基础设施，完善水利防灾减灾体系，推进生态文明建设，加强环境保护和治理"为目标，通过水资源优化配置、水源工程合理布局、厂网工程互联互通等工程和非工程措施，完善供水安全保障体系，实现全市双水源、双水厂、水量和水质双安全的供水安全保障新格局，从而逐步缩小镇街间水文条件的差异。

二、加快城市生态环境建设

坚持"绿水青山就是金山银山"的发展理念，以提升生态环境质量为核心，立足"美丽东莞"目标，实现青山常在、绿水长流、空气长新的美丽东莞。

（1）加大大气、水污染防治强化举措，着力削减主要大气污染物排放总量，保证集中式饮用水源水质稳定达标，加强大气和水环境预警防控网络建设。

（2）积极推进秀美乡村建设，实施农村环境综合整治。

（3）严格控制新建、扩建高耗能高排放项目，通过发展低能耗、低排放产业，转移和淘汰不符合环保要求的造纸、印染、家具和制革企业，逐步实现东莞产业结构转型升级。

（4）加强降碳减排和应对气候变化与污染协同治理，大力推广天然气、电力、可再生能源等清洁能源的使用，引导产业集聚绿色发展；在城镇、建筑、交通、社区、园区和企业等领域实施近零碳排放的示范工程。

（5）着力构建绿色交通格局，构建高效节约的智慧交通体系。完善城市轨道交通网络，落实公交优先战略；推进慢行交通建设，建设绿色低碳城市；落实电动汽车配套设施，鼓励电动汽车发展。

三、合理利用土地，切实保护耕地

东莞的土地利用具有以下特征：人口密度大，人均土地资源量少，土地供需矛盾突出；建设用地比重大，土地开发程度高，土地开发后备资源匮乏。而当前土地利用存在以下问题：土地资源消耗速度较快，土地持续保障压力大；历史发展模式导致用地布局较为分散，城镇结构较为松散；土地利用效率总体水平有待提高，土地利用模式亟待转变；基本农田任务重，耕作条件较差，质量不高，压力大；土地污染日趋严重，环境压力大。

为此，坚持科学发展观和以人为本的原则，始终贯彻落实合理利用土地和保护耕地的基本国策，立足东莞市社会经济发展的宏观布局，以有效保障宜居城市建设发展为总体目标；优化土地资源配置，推进城乡一体化建设，统筹安排用地。

（1）东莞市林地比例和森林覆盖率偏低，远低于广东省的平均水平，必须加强林地保护和建设。

（2）为充分发挥各区域优势，根据不同地区的城镇建设水平、自然资源与社会经济发展条件以及土地利用现状的差异，保障国土生态屏障网络用地，优先安排基本农田，协调基础设施用地，整合城镇村用地，对市域土地利用空间布局进行优化。

（3）加强土地利用的宏观调控，合理调整土地利用结构和布局。规划将全市土地分为基本农田集中区、一般农业发展区、城镇村发展区、独立工矿区、生态环境安全控制区、自然与文化遗产保护区、林业发展区等 7个功能区。

（4）以保护耕地为前提，以控制建设用地规模为重点，整合城镇用地，城镇建设向中心镇集聚；整合工业用地，工业建设向园区集聚；整合农村住宅，民宅建设向中心区集聚；整合零散耕地，耕地保护向规模经营集聚，提高土地资源供给能力和利用水平。

四、构建合理人口空间布局，倡导人口与资源环境协调发展

东莞市非户籍常住人口比重大，人口流动性较强。在 6 大片区中，城区片区常住人口密度和人均 GDP 远高于全市平均水平，水乡片区和松山湖片区略高于全市平均水平，其他 3 个片区低于全市平均水平。由于缺少组团化集聚人口的城市副中心，片区统筹发展的能级偏弱。相比国内其他城市，东莞市中心城区常住人口密度尚有较大的提升空间，要尽量减轻莞城区、石龙等老城区的人口压力，可逐步向周边人居环境适宜度高的东城、南城、寮步等发展。松山湖高新区和生态园的建立和合并，是对东莞大市区的一大拓展，可有效利用土地，保持环境和生态的可持续发展。中心城区人口集聚度进一步上升，重点片区和产业发展集聚区的人口集聚能力进一步增强，常住人口和户籍人口城镇化率稳步提升，人口空间布局更加优化。

发挥国土空间规划在人口调控中的作用，以公共服务设施规划建设引导人口合理分布，坚持产城融合发展理念，从用地布局、产业布局等方面推进全市及分区域职住平衡，落实人口分布战略，强化交通对人口发展的集聚和疏导作用。

打造疏密结合的城市格局，严格落实生态控制线的城市空间管控体系，按照资源环境承载力、现有开发强度和未来发展潜力，以密度分区引导人口和城市空间开发强度合理分布，营造疏密有致的城市空间形态。

总之，东莞市经济和社会的发展，应根据本区域的实际情况，准确把握人口与经济社会发展、资源环境之间的关系，结合人居环境适宜性，树立生态、绿色、环保的城镇科学发展观，大力发展生态城市规划和建设，积极发展生态产业，坚持"以人为本"的发展方向，树立生态、资源和经济持续协调发展，加快"经济社会双转型"。逐步改变经济增长方式，由以前又快又好的发展方式向又好又快的方向转变，始终坚持以人为本为核心，树立经济、资源协调发展的理念，达到人与自然和谐相处的目标，并在城市发展中付诸实施，使东莞的人居环境建设向可持续发展方向迈进，实现"生态东莞""宜居东莞"，让老百姓从中受益。

第十章

结论与展望

第一节　主要结论

人居环境是人类赖以生存的复杂系统，影响人居环境适宜性的因素包括经济、社会和自然等方面的因素。自然因素最基本、最直接的因素。人居环境自然适宜性评价是一个综合的多学科的系统工程。本书对东莞市的人居环境自然适宜性进行了评价研究，采用 RS、GIS 和 SPSS 等技术，以 1 km×1 km 的网格为基本评价单元，结合东莞市实际情况，选取了包含地形、气候、水文和土地覆盖 4 个单项指标，采用以下方法提取或完善这些因子数据：采用窗口分析法提取了东莞起伏度、K-最近邻算法完成了气候因子缺失数据的填补、基于 DEM 和 Arc Hydro 模型提取水文数据、基于 NDVI/MNDWI/NDBaI 和 Slope 的改进决策树法进行了土地分类，分别对上述 4 个单因子进行了适宜性评价。采用 BP 神经网络算法确定各评价指标因子的权重，建立了人居环境指数模型对东莞人居环境自然适宜性进行综合评价，并进行了与人口分布的相关性分析，最后对东莞市人居环境的建设和发展提出了一些优化建议。

研究结论主要有以下几个方面：

（1）东莞市整体的地形起伏度较小，地势比较平坦，东莞市遍布着平原、丘陵和部分山地，地势由西北向东南逐渐升高。东莞市地形整体非常适宜人类居住，86.07%的区域非常适宜人类居住，只有除银屏山和莲花山（占总面积的 1.6%）区域不适宜居住。

（2）东莞气候也比较适宜，而且镇街之间相差不大。从区域分布来看，莞城、横沥、常平、东坑、大朗、大岭山、塘厦等镇街的温湿指数和风效指数相对较高，但也基本属于舒适区和基本舒适区域，这些镇街的人口密度也相对较高。从时间上看，5—9 月 5 个月的温湿指数属于不舒适或极不舒适月份，7—9 月 3 个月的风效指数属于不舒适或极不舒适月份，其他月份都是舒适、非常舒适和较舒适等级的季节。

（3）东莞具有丰富的降水资源，水库众多、河流密布、水域面积广，可利用水资源总量相对丰富。东莞市的整体水文适宜性较好，除东坑、望牛墩、莞城、南城 4 个镇街属于不适宜外，其他 28 个镇街都比较适宜。

（4）东莞市具有较好的植被覆盖，除了沙田、石碣镇、中堂、道滘、洪梅、麻涌和万江区几个水乡片区因水系发达以及石龙和莞城 2 个老城区因建筑物密集植被覆盖率低外，其他镇街也基本在 0.01 以上，特别是谢岗、黄江、清溪和樟木头 4 个山片区因草地、林地和耕地较多，植被覆盖度较高，植被适宜性较好。

（5）东莞市人居环境整体比较适宜人类居住且分布差异不大。人居环境适宜性程度自北向南、自东向西递减。临界适宜区的面积为 15.949 8 km²，占全市的 0.65%，人口比例占 0.76%；一般适宜区的面积为 1 579.085 km²，占全市的 64.17%，人口比例占 61.61%；比较适宜区的面积为 861.837 3 km²，占全市的 35.02%，人口比例占 37.62%。但全市人口的大部分分布在最适宜区和较适宜区，说明人居环境自然适宜性从根本上控制人口分布的空间布局。东莞市人居环境镇街间的差异相对较小、东莞市人居环境的季节化明显。

（6）根据评价结果分析，结合东莞市人居环境建设和发展中存在的问题，给出了东莞市人居环境适宜性发展的一些对策与建议。

本研究的主要创新点如下：

（1）首次对东莞市进行人居环境自然适宜性研究，对东莞市而言也是一次全新的探索与尝试，研究成果对东莞市人居环境适宜性、宜居社区（村）工作具有一定的实际意义，对国内其他地区类似研究具有较高的理论参考价值。

（2）尝试用 km 格网为评价单元对东莞市人居环境自然适宜性进行评价研究，具有以行政区域为最小研究单元的传统评价方法不具备的优势，从而为东莞市人居环境自然适宜性分析提供了更科学的参考依据。

（3）利用 *K*-最近邻算法应用于平均湿度缺失值的填补，使所用数据更真实地反映实际的平均湿度，提高了研究成果的可靠性。

（4）将 NDVI/MNDWI/NDBaI 和坡度的改进决策树法应用于东莞市土地分类中，综合考虑了东莞的地形、植被、水文情况。分类结果的综合精度较高，较为真实地反映了东莞市土地利用现状。

（5）将 BP 神经网络算法应用于权值的计算，综合考虑了单个因子与人口密度（分布）的相关性，真实反映了单个因子在综合评价中的重要性；并将该权重和全国范围研究得到的权重分别应用于综合指数的计算，对结果进行了比较分析，说明本方法具有可行性、适用性和创新性。

（6）东莞市人居环境自然适宜性研究中提出了基于 km 格网的 4 个单因子研究和综合 4 个单因子的 HEI 模型研究的方法，这在人居环境自然适宜性研究的技术、方法和手段上是一次新的尝试。

第二节　展望

本研究在人居环境自然适宜性评价的研究方法和实践方面开展了一些工作，由于本人知识水平和能力以及其他条件的限制，本研究仍存在许多需要完善和充实的地方。以下几个方面的内容在今后的研究中有待进一步探讨和延伸：

（1）构建一个能更全面和真实地评价东莞市人居环境自然适宜性的综合指标体系。本研究在选择指标时，主要考虑东莞市自然环境的特点和指标因子的可获得性，建立了基于地形、气候、水文和土地植被等自然因素的评价指标体系，人居环境的自然适宜性还应考察诸如水质和空气质量、噪声、内涝等对人类生产和生活有较大影响的其他因素，也可建立如空气质量指数来评价宜居性。另外，也欠缺社会、经济和生态因素，东莞市经济比较发达、外来人口比较多，GDP 和人口密度对人居环境的影响比较大，某些区域的天然森林和草地大多是需要保护的经济和生态资源，此区域的人居环境自然适宜性评级也需适当降低。虽然研究结果大体上能较客观地反映东莞市的实际情况，但也存在个别无法用指数来解释的情况，如珠三角地区的水文条件应该普遍较好，但评价结果中也存在不少区域水文状况不够好的结果。这说明本研究所建立的人居环境自然适宜性评价指标体系还不够准确，还有待进一步完善，方法的合理性也需要进一步验证，建立一个更准确、更复杂和更全面的综合评价指标体系是今后要重点研究的内容。

（2）需要考虑居民的主观感受。人居环境适宜性评价分析的目的是改善人民的居住环境，加深人们对人居环境的认识。理论上，应该调研研究区居民的主观感受并对研究结果加以验证，但由于时间、人力等客观条件的制约，在实际操作中未能做到，这是在以后研究中需要进一步改善的。如何使居民的主观感受和人居环境的客观因素有机结合也是人居环境适宜性研究需要面对的难题。

（3）加强人居环境基础数据库的建设。人居环境基础指标数据的收集是人居环境适宜性评价的根基，但实施起来困难较大，各项指标的相关数据存在缺失或准确性不高，数据代表性不足；同时，存在数据的不对接、不齐全等问题，以致评价指标的代表性、真实性和准确性有所降低。在后续研究中，须建立更完善的地理基础数据库和共享平台，这不仅能为以后的人居环境研究提供便利，而且对相关研究具有里程碑的意义。另外，利用新一代信息技术，开发一个能完成数据自动入库，能实时评价面向公众的智能化人居环境自然适宜性评价系统，将会大大提高公众对东莞市人居环境自然适宜性的关注度，也可为居民购房、找工作提供参考。

（4）空间尺度上的横向比较研究不够深入。由于资料及数据收集不足，虽然对东莞市各镇街的人居环境自然适宜性进行了横向比较研究，但欠缺与周围城市甚至珠三角其他地区的纵向比较，难以从整体上把握东莞市人居环境发展水平在珠三角或广东省人居环境发展水平中所处的地位，这一方面也是今后研究的重要领域。

（5）时间尺度上的选取有待加强。本研究虽然对东莞市 2014—2020 年的气候数据进行了收集，但受某些指标数据获取的限制，有些数据不太完整，而且也没进行人居环境自然适宜性的动态评价。适宜性在人类长期生产活动的影响下会动态变化，在以后的研究中，应加入更多时间段的动态变化评价，更加注重对人居环境这个复杂系统内部结构特征及其发展规律的研究，为城市建设发展规划和产业调整提供更有前景的参考建议。

（6）本研究中，采用了多种方法对不同来源、不同形式的数据进行了评价指标因子的提取，但受到空间分析方法和算法的限制，指标因子提取结果的真实性和空间化精度还有待进一步提高。

参考文献

[1] 阿依努尔·买买提，瓦哈甫·哈力克，等. 基于 GIS 的南疆地区人居环境适宜性评价[J]. 干旱区资源与环境，2012，26（4）.

[2] 阿丽雅. 呼伦贝尔市人居环境气候舒适度等级分析及旅游应用[J]. 农业与技术，2020，40（12）.

[3] 安强，龙天渝，黄宁秋，等. 三峡库区人居环境气候适宜性[J]. 湖泊科学，2012，24（2）.

[4] 查瑞生，陈梦琳. 基于地形起伏度的南川区人居环境地形适宜性评价[J]. 西南大学学报（自然科学版），2014，36（10）.

[5] 陈超，赫春晓，石善球，等. 一种基于决策树方法的遥感影像分类研究[J]. 地理空间信息，2016，14（8）.

[6] 陈灏，董前进. 基于 AWRI 指数的汉江上游流域水资源量评估[J]. 人民长江，2019，50（6）.

[7] 陈加良. 基于博弈论的组合赋权评价方法研究[J]. 福建电脑，2003（9）.

[8] 陈静秋，王莉，姜小三. 决策树方法在云贵高原典型区域 ALOS 影像土地利用分类中的应用[J]. 南京农业大学学报，2013，36（6）.

[9] 陈玲玲，查良松. 基于 GIS 的安徽省人居环境气候适宜性评价[J]. 蚌埠学院学报，2014，3（3）.

[10] 陈民，王宁，段国宾，等. 基于决策树理论的土地利用分类[J]. 测绘与空间地理信息，2014，37（1）.

[11] 陈文娇，翁永玲，路云阁. 基于多级决策树分类的土地利用与覆盖信息提取[J]. 测绘与空间地理信息，2017，（9）.

[12] 陈晓华，袁晨晨. 安徽省农村人居环境质量评价及其空间分布特征[J]. 池州学院学报，2017，31（6）.

[13] 程立诺，于学强，王宝刚. 小城镇人居环境质量评价方法研究[J]. 山

东科技大学学报（自然科学版），2008，27（4）.

[14] 程明熙. 处理多目标决策问题的二项系数加权和法[J]. 系统工程理论与实践，1983（4）.

[15] 迟文飞，侯晓亮，赵卫东，等. 基于 ArcGIS 的肥东县建设用地地质环境适宜性评价[J]. 合肥工业大学学报（自然科学版），2021，44（5）.

[16] 崔明军. 基于 GIS 的城市大气污染控制[J]. 能源与节能，2019（8）.

[17] 邓玲，顾金土. 人居环境评价指标研究综述与思考[J]. 怀化学院学报，2011，30（7）.

[18] 邓神宝，张青年. 基于 GIS 的广东省人居环境自然适宜性评价[J]. 中山大学学报自然科学版，2014，53：1，2014，53（1）：127-134.

[19] 邓书斌. ENVI 遥感图像处理方法 [M]. 2 版. 北京：科学出版社，2014.

[20] 翟苗苗，吴泉源，徐艳慧，等. 基于主成分分析的山东省城市人居环境评价[J]. 现代农业科技，2011（21）.

[21] 东莞市水务局. 东莞市 2017 年水资源公报[R]. 2018-11-16.

[22] 都金康，黄永胜，冯学智，等. SPOT 卫星影像的水体提取方法及分类研究[J]. 2011，5（3）.

[23] 都一，毛志香，杨翠霞. 基于频数分析法的乡村生态宜居指标体系研究[J]. 绿色科技，2021（1）.

[24] 杜岩，李世泰，秦伟山，等. 基于乡村振兴战略的乡村人居环境质量评价与优化研究[J]. 中国农业资源与规划，2021，42（1）.

[25] 封志明，唐焰，杨艳昭，等. 中国地形起伏度及其与人口分布的相关性[J]. 地理学报，2007，62（10）.

[26] 封志明，唐焰，杨艳昭，等. 基于 GIS 的中国人居环境指数模型的建立与应用[J]. 地理学报. 2008，63（12）.

[27] 封志明，李文君，李鹏，等. 青藏高原地形起伏度及其地理意义[J]. 地理学报，2020（7）.

[28] 冯粉粉. 基于 GIS 的华东地区旅游气候舒适度分析[D]. 上海：上海师范大学，2013.

[29] 付博. 基于 GIS 和遥感的长春市宜居性环境评价研究[D]. 长春：吉林

大学，2011.

[30] 付成华. 我国居住区环境评价研究述评[J]. 环境与发展，2011，23（5）.

[31] 嘎力巴，臧淑英，李苗，等. 基于指数的遥感影像决策树分类方法[J]. 环境与发展，2016，28（5）.

[32] 高洪文，龚同伟. 城市人居环境评价研究[J]. 城市建设理论研究，2011，12（36）.

[33] 关靖云，瓦哈甫·哈力克，李啸虎，等. 近 20a 克里雅绿洲人居环境适宜性时空演变分析[J]. 生态与农村环境学报，2018，34（6）.

[34] 郭力宇，吴锦忠. 基于 SRTM DEM 的汾河流域特征提取研究[J]. 中国农业资源与区划，2016，37（6）.

[35] 韩雅敏. 甘肃省县域人居环境适宜性评价及时空变化分析[D]. 兰州：兰州大学，2018.

[36] 郝慧梅，任志远. 基于栅格数据的陕西省人居环境自然适宜性测评[J]. 地理学报，2009，64（4）.

[37] 郝庆，单菁菁，邓玲. 面向国土空间规划的人居环境自然适宜性评价[J]. 中国土地科学，2020（5）.

[38] 何静，田永中，高阳华，等. 重庆山地人居环境气候适宜性评价[J]. 西南大学学报（自然科学版），2010，32（9）.

[39] 何珊. 中等城市人居环境评价研究[D]. 大连：辽宁师范大学，2016.

[40] 贺征兵，徐瑶，李雁杰. 基于 GIS 的黄龙核桃生态气候适宜性评价研究[J]. 北方园艺，2020（15）.

[41] 何朝霞. 基于指数的决策树土地利用分类算法研究[J]. 湖北农业科学，2019，58（21）.

[42] 胡志丁，骆华松，唐郑宁，等. 基于栅格尺度的云南省人居环境自然适宜性评价研究[J]. 地域研究与开发，2009，28（6）.

[43] 胡最，聂阳意. 基于 DEM 的湖南省地貌形态特征分类[J]. 地理与地理信息科学，2015，31（6）.

[44] 胡最，邓美容，刘沛林，等. 基于 GIS 的衡阳人居适宜度评价[J]. 热带地理，2011，31（2）.

[45] 黄玲，黄金良. 基于地表校正和河道烧录方法的河网提取[J]. 地球信息科学学报，2012，14（2）.

[46] 黄铁兰，苏华，王云鹏. NDVI /NDWI /DEM 决策树方法在东莞 ALOS 影像土地利用分类中的应用[J]. 华南师范大学学报（自然科学版）. 2012，44（1）.

[47] 黄祥志. 基于智方体的地理时空栅格数据模型化研究[D]. 杭州：浙江大学，2015.

[48] 霍震. 基于 GIS 的滇池流域湿地人居环境适宜性评价[D]. 北京：北京林业大学，2010.

[49] 蒋旭，蔡运洁. 中国乡村人居环境质量时空演化[J]. 中国环境管理干部学院学报，2019，29（4）.

[50] 晋培育，李雪铭，冯凯. 辽宁城市人居环境竞争力的时空演变与综合评价[J]. 经济地理，2011（10）.

[51] 景耀斌，顾伟红，翟强. 基于博弈论组合赋权的水工隧洞 TBM 施工地质适宜性评价模型[J]. 安全与环境工程，2021，28（2）.

[52] 焦利明，杨建立. 一种确定指标权重的新方法[J]. 指挥控制与仿真，2006，28（1）.

[53] 匡耀求，黄宁生，王德辉. 广东省县域人居环境适宜性初步评价[J]. 中国人口、资源与环境，2008，18（专刊）.

[54] 李陈，求煜英，李恒. 城市人居环境气候适宜性评价[J]. 资源与人居环境，2012，10.

[55] 李慧民，段品生，郭海东. 区域生态宜居度评价及其影响因素分析——以西安市为例[J]. 生态经济，2019，35（10）.

[56] 李明,李雪铭. 基于遗传算法改进的 BP 神经网络在我国主要城市人居环境质量评价中的应用[J]. 经济地理，2007，27（1）.

[57] 李培章. 小城镇宜居指标体系构建及实证研究[D]. 长沙：湖南大学，2015.

[58] 李绅. 生态城市的指标体系建立与评价方法综述[J]. 智库时代，2018，141（25）.

[59] 李帅，魏虹，倪细炉，等. 基于层次分析法和熵权法的宁夏城市人居环境质量评价[J]. 应用生态学报，2014，25（9）.

[60] 李筱琳. 城市人居环境质量评价指标体系与评价方法研究[J]. 环境与生活，2014（16）.

[61] 李鑫，郑贱成. 基于人居环境湘北地区水文条件的评价[J]. 经济研究导刊，2008（14）.

[62] 李馨，李旭祥，王婷，等. 基于因子分析的黄河流域人居环境评价[J]. 环境科学与技术，2010，33（6）.

[63] 李雪铭，晋培育. 中国城市人居环境质量特征与时空差异分析[J]. 地理科学，2012，32（5）.

[64] 李雪铭，李建宏. 地理学开展人居环境研究的现状及展望[J]. 辽宁师范大学学报（自然科学版），2010，33（1）.

[65] 李毅，罗建平. 城市人居环境发展现状与评价——以南宁市为例[J]. 南宁职业技术学院学报，2014（5）.

[66] 李志祥，田明中，武法东，等. 河北坝上地区生态环境评价[J]. 地理与地理信息科学，2005，21（2）.

[67] 刘春涛. 基于 GIS 技术的大连市人居环境自然适宜性评价研究[D]. 大连：辽宁师范大学，2009.

[68] 刘海琴，刘丽蓉. 昆明市人居环境宜居度评价[J]. 绿色科技，2012（12）.

[69] 刘建国，张文忠. 人居环境评价方法研究综述[J]. 城市发展研究，2014（6）.

[70] 刘俊岭，齐欣. 构建山地城市人居环境自然适宜性评价指标[J]. 中国西部科技，2013，（4）.

[71] 刘兰，王朝清. 宜居城市的内涵及评价指标体系综述[J]. 城市建设理论研究：电子版，2013（34）.

[72] 刘立涛，沈镭，高天明，等. 基于人地关系的澜沧江流域人居环境评价[J]. 资源科学，2012，34（7）.

[73] 刘璐，戴昕. 供热系统节能评价指标权重确定方法的研究[J]. 建筑节能，2015，43（7）.

[74] 刘璞，张远，周斌，等. 基于 SAM 和多源信息的土地利用/覆盖自动分类[J]. 浙江大学学报（工学版），2009（9）.

[75] 刘秋艳，吴新年. 多要素评价中指标权重的确定方法评述[J]. 知识管理论坛，2017，2（6）.

[76] 刘志红. 基于生态健康风险评价的土地生态适宜性评价研究[D]. 大连：大连理工大学，2013.

[77] 卢峰，杨晋苏，曹风晓. 景观融合视角下建设用地适宜性评价的方法构建及实践探索[J]. 中国园林，2021，37（1）.

[78] 罗大游，温兴平，沈攀，等. 基于 DEM 的水系提取及集水阈值确定方法研究[J]. 水土保持通报，2017，37（4）.

[79] 罗大游. 基于 RS 和 GIS 的河网水系信息提取及其分形研究[D]. 昆明：昆明理工大学，2018.

[80] 罗洁琼. 基于 GIS 的三峡库区山地人居环境自然适宜性动态评价[D]. 重庆：西南大学，2013.

[81] 罗小杰. 开远市人居环境气候舒适度分析[J]. 安徽农学通报，2020，26（6）.

[82] 娄胜霞. 基于 GIS 技术的人居环境自然适宜性评价研究——以遵义市为例[J]. 经济地理. 2011，31（8）.

[83] 吕云峰，徐海峰，费龙，李维玲. 基于遥感和 GIS 的土地适宜性评价研究[J]. 长春师范学院学报（自然科学版），2007，26（5）.

[84] 马甲生. 基于 ArcGIS 技术的地理信息系统开发[J]. 现代计算机，2011（12）.

[85] 马玲，雷田旺，张翀，等. 陕西省人居环境适宜性评价[J]. 河南科学，2018，36（4）.

[86] 毛其智. 中国人居环境科学的理论与实践[J]. 国际城市规划，2019，34（4）.

[87] 孟祥添，鲍依临，官海翔，等. 基于人工神经网络模型的土壤分类方法[J]. 现代农业科技，2018，734（24）.

[88] 穆小宏，毕启东. 基于安徽援建和生态适宜性的皮山县新型城镇化动

力[J]. 农技服务，2012，29（5）.

[89] 宁忠瑞，李虹彬，刘亚婷，等. 基于 DEM 的塔里木河流域数字河网提取与分析[J]. 水利水电技术，2020（8）.

[90] 牛乐德，熊理然，付磊. 基于 GIS 的县域人居环境自然适宜性评价研究——以红河州为例[J]. 西北师范大学学报（自然科学版），2012，48（2）.

[91] 帕特里克·格迪斯. 进化中的城市：城市规划与城市研究导论[M]. 北京：中国建筑工业出版社，2012.

[92] 潘峰. 基于 C5.0 决策树算法的考试结果预测研究[J]. 微型机与应用，2016，35（8）.

[93] 潘琛，杜培军，罗艳，等. 一种基于植被指数的遥感影像决策树分类方法[J]. 计算机应用，2009，29（3）.

[94] 彭培，林爱文. 基于 AGREE 算法的河流水系提取[J]. 水电能源科学，2015，33（4）.

[95] 彭中，阿如旱，范田芳. 基于决策树分类算法的遥感影像土地利用分类[J]. 阴山学刊（自然科学版），2018，32（2）.

[96] 齐增湘，熊兴耀，徐卫华. 基于 GIS 的秦岭山系气候适宜性评价[J]，湖南农业大学学报（自然科学版），2011，37（3）.

[97] 乔艳雯，臧淑英，那晓东. 基于决策树方法的淡水沼泽湿地信息提取——以扎龙湿地为例[J]. 中国农学通，2013，29（8）.

[98] 卿凤，夏雪珂，姜照勇. 基于 RS 和 GIS 的成都市新都区人居环境适宜性评价[J]. 齐齐哈尔大学学报（自然科学版），2018，34（2）.

[99] 荣丽华，贾宇迪. 内蒙古自治区乡村人居环境质量评价及空间格局研究[J]. 西部人居环境学刊，2019，34（4）.

[100] 沈非，李大伟，黄艳萍，等. 安徽省人居环境地形与气候适宜性分析[J]. 石家庄学院学报，2018，20（6）.

[101] 时光新，王其昌，刘建强. 变异系数法在小流域治理效益评价中的应用[J]. 水土保持通报，2000，20（6）.

[102] 史有瑜，柴瑞，王爱军，等. 唐山市人居环境气候舒适度评价及其变

化特征[J]. 湖北农业科学，2020，59（15）.

[103] 石振武，赵敏. 运用层次分析法确定指标的权值[J]. 科技和产业，2008，8（2）.

[104] 侍瑞，蔡茶花，刘玉林. 池州市人居环境气候舒适度评价[J]. 安徽农学通报，2019，25（1）.

[105] 苏华，王云鹏，陈永品，等. 基于格网的广州市萝岗区人居环境适宜性评价[J]. 中国人口·资源与环境，2010，20（5）.

[106] 苏琦，杨凤海，王明亮，等. 基于 K-T 变换的 NDVI 提取方法研究[J]. 测绘与空间地理信息，2010，33（1）.

[107] 孙会君，王新华. 应用人工神经网络确定评价指标的权重[J]. 山东科技大学学报（自然科学版），2001，20（3）.

[108] 孙芹芹，吴志峰，谭建军. 不同土地利用类型的城市热环境效应研究——以广州市为例[J]. 国土资源遥感，2010，87（4）.

[109] 谭清文，陈东辉，黄满红. 基于 BP 神经网络的城市人居环境评价——以青浦区为例[J]. 广东化工，2013，40（11）.

[110] 谭玮颐，周忠发，朱昌丽，等. 喀斯特山区地形起伏度及其对水土流失敏感性的影响——以贵州省荔波县为例[J]. 水土保持通报，2019，39（6）.

[111] 唐宁，王成. 重庆县域乡村人居环境综合评价及其空间分异[J]. 水土保持研究，2018，25（2）.

[112] 唐倩. 西南地区村落分布特征与自然宜居性评价研究[D]. 重庆：重庆师范大学，2019.

[113] 唐如辉. 人居环境宜居性评价——以长沙市望城县为例[D]. 长沙：湖南师范大学，2010.

[114] 唐焰，封志明，杨艳昭. 基于栅格尺度的中国人居环境气候适宜性评价[J]. 资源科学，2008，30（5）.

[115] 唐焰. 基于 GIS 的中国人居环境自然适宜性评价[D]. 北京：中国科学院地理科学与资源研究所，2008.

[116] 万杰，杨勇，韩春峰，等. 基于 ENVI 的决策树方法提取土地利用信

息[J]. 科技创新导报，2015，12（9）.

[117] 王凤梅，胡丽霞. 一种基于近邻规则的缺失数据填补方法[J]. 计算机工程，2012，38（21）.

[118] 王昊. 河南省农村人居环境质量评价及其空间分异研究[J]. 艺术科技，2019，32（16）.

[119] 王怀警，谭炳香，房秀凤，等. C5.0 决策树 Hyperion 影像森林类型精细分类方法[J]. 浙江农林大学学报，2018，35（4）.

[120] 王靖森. 长春地区乡村人居环境质量评价及改善对策研究[D]. 长春：吉林建筑大学，2014.

[121] 王维国，冯云. 基于因子分析法的中国城市人居环境现状综合评价及影响因素分析[J]. 生态经济，2011（5）.

[122] 王汶，鲁旭. 基于 GIS 的人居环境气候舒适度评价——以河南省为例[J]. 遥感信息，2009（2）.

[123] 王晓静，张娜. 住区人居环境评价指标体系的构建及应用——以城阳为例[J]. 四川建筑科学研究，2015，41（4）.

[124] 王艳茹. 城市人居环境评价体系的研究及应用[J]. 城市建设理论研究，2016（9）.

[125] 王永丽，戚鹏程，李丹，等. 陕西省地形起伏度和人居环境适宜性评价[J]. 西北师范大学学报（自然科学版），2013，49（2）.

[126] 温兴平，胡光道，杨晓峰. 基于 C5.0 决策树分类算法的 ETM+影像信息提取[J]. 地理与地理信息科学，2007，23（6）.

[127] 吴健生，潘况一，彭建，等. 基于 QUEST 决策树的遥感影像土地利用分类——以云南省丽江市为例[J]. 地理研究，2012，31（11）.

[128] 吴良镛. 人居环境科学导论[M]. 北京：中国建筑工业出版社，2001.

[129] 武玲玲，纪洁. 基于熵值法的安徽省生态宜居度评价研究[J]. 广西师范学院学报（自然科学版），2018，35（3）.

[130] 奚秀梅，朱凤军，王玲. 基于 RS 和 GIS 的城市居住区宜居性评价——以新疆石河子市为例[J]. 安徽农业科学，2010，38（32）.

[131] 夏青. 资源型城市人居环境质量评价研究[J]. 中国矿业，2008，17

（10）.

[132] 向华丽，杨云彦. 基于人口数据空间化技术的区域人口发展功能分区研究——以武汉城市圈为例[J]. 长江流域资源与环境，2013，22（9）.

[133] 谢伯军. 湖南省人居环境气候适宜性时空格局研究[J]. 湖南工业大学学报，2012，26（5）.

[134] 徐海军，魏义长，许澍，等. 河南省内四大流域边界提取与水系分析[J]. 灌溉排水学报，2021，40（6）.

[135] 徐涵秋. 利用改进的归一化差异水体指数（MNDWI）提取水体信息的研究[J]. 遥感学报，2005，9（5）.

[136] 许倩雯. 乡村人居环境适宜性评价及优化策略研究——以安徽省休宁县为例[D]. 合肥：合肥工业大学，2019.

[137] 徐蕾. 基于 GIS 的成都市居住环境适宜性分析[J]. 科技经济导刊，2015，22（1）.

[138] 晏明，丁春雨，邹思佳. 基于遥感的长春市热岛效应与土地利用类型的关系研究[C]//中国环境科学学会. 2012 中国环境科学学会学术年会论文集（第四卷）中国环境科学学会：中国环境科学学会，2012，5.

[139] 严霜，董廷旭，杜华明，等. 四川省旅游气候舒适度评价[J]. 高原山地气象研究，2019，39（1）.

[140] 杨波，黄钦，郑群明，等. 基于随机森林算法的张家界生态旅游适宜性评价研究[J]. 湖南师范大学自然科学学报，2021（4）.

[141] 杨梅子，邢晓娟. 北京市典型社区居住环境评价研究[J]. 北京测绘，2018，32（8）.

[142] 杨欣. 少数民族村寨生态宜居评价指标体系构建及应用研究[D]. 武汉：中南民族大学，2019.

[143] 杨艳林，邵长生. 长江中游地形起伏度分析研究[J]. 人民长江，2018，49（2）.

[144] 杨艳昭，郭广猛. 基于 GIS 的内蒙古人居环境适宜性评价[J]. 干旱区资源与环境，2012，26（3）.

[145] 杨巳煜. 基于 C5.0 决策树算法的开放数据的效用预测研究[J]. 统计

与管理，2019（10）.

[146] 姚蓓蓓，段德宏. 基于决策树分类的土地覆盖信息提取研究[J]. 山东农业大学学报（自然科学版），2016（3）.

[147] 姚鹏，赵清扬，张梦竹，等. 近 37 年成都地区基于温湿指数的气候舒适度变化特征分析[J]. 高原山地气象研究，2019，39（1）.

[148] 姚慧敏. 城市人居环境评价的综述与展望研究[J]. 节能与环保，2020，309（4）.

[149] 叶超，许武成，张立立. 基于主成分分析的四川省城市人居环境评价[J]. 西昌学院学报（自然科学版），2010，24（2）.

[150] 游细斌，代启梅，郭昌晟. 基于熵权 TOPSIS 模型的南方丘陵地区乡村人居环境评价——以赣州为例[J]. 山地学报，2017，35（6）.

[151] 于颂，王飞红，杨爱民. 平朔露天煤矿土地利用变化的遥感监测[J]. 测绘通报，2015（4）.

[152] 余祖圣，赵捷. 人居环境科学思想在城市规划体系中的应用[J]. 中外建筑，2011（10）.

[153] 苑韶峰，贺丹煜，毛源远，等. 基于 ANN 的特色小镇适宜性评价——以浙江省为例[J]. 中共杭州市委党校学报，2020（2）.

[154] 曾春霞. 衡阳市人居环境评价指标体系的构建[J]. 上海工程技术大学学报. 2010，24（2）.

[155] 曾红伟，李丽娟，柳玉梅，等. Arc Hydro Tools 及多源 DEM 提取河网与精度分析——以洮儿河流域为例[J]. 2011，13（1）.

[156] 张慧慧，贾海发，李成英，等. 青海省东部地区乡村人居环境质量测度及空间差异[J]. 江苏农业科学，2021，49（5）.

[157] 张锦明，游雄. 地形起伏度最佳分析区域研究[J]. 测绘科学技术学报，2011，28（5）.

[158] 张盼. 基于多源多时相遥感数据的关中地区土地利用分类研究[D]. 咸阳：西北农林科技大学，2018.

[159] 张润雷. 基于决策树的遥感图像分类综述[J]. 电子制作，2018，365（24）.

[160] 张世良，叶必雄，肖守中. 径向基函数网络与 GIS/RS 融合的 UGB 预测[J]. 计算机工程与应用，2012，48（20）.

[161] 张树君，朱勤东. GIS 环境下泾河流域水系特征的提取及探讨[J]. 人民黄河，2014，36（10）.

[162] 张维，杨昕，汤国安，等. 基于 DEM 的平缓地区水系提取和流域分割的流向算法分析[J]. 2012，37（2）.

[163] 张延伟，裴颖，葛全胜. 基于 BDI 决策的居住空间宜居性分析——以大连沙河口区为例[J]. 地理研究. 2016（12）.

[164] 张智，魏忠庆. 城市人居环境评价体系的研究及应用[J]. 生态环境，2006，15（1）.

[165] 赵昕宇，余泳昌. 基于改进的 BP 神经网络估算太阳辐射的研究[J]. 河南农业大学学报，2013，47（6）.

[166] 郑琪，邸苏闯，潘兴瑶，等. 基于 Rapid Eye 数据的北京生态涵养区土地利用分类及变化研究[J]. 遥感技术与应用，2020，35（5）.

[167] 郑倩，史海滨，李仙岳，等. 基于 AGREE 算法与 BURN-IN 算法的平原灌区 DEM 河网提取问题剖析[J]. 灌溉排水学报，2019，38（5）.

[168] 钟嘉鸣，李订芳. 基于粗糙集理论的属性权重确定最优化方法研究[J]. 计算机工程与应用，2008，44（20）.

[169] 钟小强. 乡村社区建设生态宜居性评价研究[D]. 武汉：华中科技大学，2018.

[170] 周侃，蔺雪芹，申玉铭，等. 京郊新农村建设人居环境质量综合评价[J]. 地理科学进展，2011，30（3）.

[171] 周莉，任志远. 基于 GIS 的关中地区人居环境自然适宜性研究[J]. 资源与环境，2011，27（2）.

[172] 周维，张小斌，李新. 我国人居环境评价方法的研究进展[J]. 安全与环境工程，2013，20（2）.

[173] 周文韬，张文君，邓云涛，等. 基于 AHP-CV 组合赋权的低丘缓坡土地建设适宜性评价[J]. 西南师范大学学报（自然科学版），2021，46（6）.

[174] 周志华. 机器学习[M]. 北京：清华大学出版社，2016.

[175] 朱邦耀，李国柱，刘春燕，等. 基于 RS 和 GIS 的吉林省人居环境自然适宜性评价[J]. 国土资源遥感，2013，25（4）.

[176] 朱彬，马晓冬. 基于熵值法的江苏省农村人居环境质量评价研究[J]. 云南地理环境研究，2011，23（2）.

[177] 朱彬，张小林，尹旭. 江苏省乡村人居环境质量评价及空间格局分析[J]. 经济地理，2015，35（3）.

[178] 朱保美，周清，朱汉青，等. 德州市人居环境气候适宜性及变化特征[J]. 中国农学通报，2019，35（32）.

[179] 朱晓霞，宁晓刚，王浩，张翰超. 高精度地表覆盖数据优化分割的土地利用分类[J]. 测绘科学，2021，46（6）.

[180] BAI A, HIRA S, DESHPANDE P S. An application of factor analysis in the evaluation of country economic rank[C]//11th international conference on data mining and warehousing(ICDMW). Bangalore: Elsevier, 2015.

[181] CHEN Z, YU B, SONG W, LIU, et al.. A new approach for detecting urban centersand their spatial structure with nighttime light remote sensing[J]. IEEE Trans. Geosci. Remote Sensor, 2017(55).

[182] CRISTINA C S, ANDY M T. The manipulation of calcium oscillations by harnessing self-organization[J]. BioSystems, 2008, 94.

[183] DAVID F N, EDUARDO C R. Determinants of Land use/cover change in the Iberian Peninsula (1990–2012) at Municipal Level[J]. Land, 2019, 9(1): 5-5.

[184] DIALLO Y, et al.. Change detection using data stacking and decision tree Techniques in Puer-Simao Counties of Yunnan Province, China[J]. Researcher, 2015, 7(3).

[185] ELTAHIR MOHAMED ELHADIAND NAGI ZOMRAWI. Object-based land use/cover extraction from QuickBird image using Decision tree[J]. The Journal of American Science, 2010, 6(2).

[186] EMINE G, ADNAN P. Evaluation of erdemli settlement by GIS

methodology [J]. Procedia Social and Behavioral Sciences, 2011(19).

[187] GORGIJ A D, KISI O, MOGHADDAM A A, et al. . Groundwater quality ranking for drinking purposes, using the entropy method and the spatial autocorrelation index[J]. Environmental earth sciences, 2017, 76(7).

[188] GROHMANN C H. Effects of spatial resolution on slope and aspect derivation for regional-scale analysis[J]. Computers & Geosciences, 2015 (77).

[189] HINTON G E, SRIVASTAVA N , KRIZHEVSKY A , et al. . Improving neural networKs by preventing co-adaptation of feature detectors[J]. Computer Science, 2012, 3(4).

[190] HOQUE I, LEPCHA S K. A geospatial analysis of land use dynamics and its impact on land surface temperature in Siliguri Jalpaiguri development region, West Bengal[J]. Applied Geomatics, 2019.

[191] HUANG T, DANG A, CHENG H , et al.. Digital urban planning oriented data warehouse constructing supported by GIS: TaKing greater Beijing regional planning as a case[C]. International Conference on Geoinformatics. IEEE, 2010.

[192] JING H, YONGZHONG TIAN, XIAOHONG IMG, et al., The optimal path planning based on landscape ecology and health science: A case study of Jinyun mountain in chongqing, china[C]. The 18th CPGIS Conference. Beijing, 2010.

[193] JOKAR ARSANJANI, et al.. Toward mapping land-use patterns from volunteered geographic information[J]. International Journal of Geographical Information Science, 2013, 27(12).

[194] KAUFMAN H. The city in history: its origins, its transformations, and its prospects[J]. Lewis National Civic Review, 2010, 50(10).

[195] LI Y, LIU C, ZHANG H, et al.. Evaluation on the human settlements environment suitability in the three gorges reservoir area of Chongqing based on RS and GIS[J]. Journal of Geographical Sciences, 2011, 21(2).

[196] LIAO Z, LU X, YANG T, et al.. Missing data imputation: a fuzzy k-means clustering algorithm over sliding window [C]//Proc. of the 6th International Conference on Fuzzy Systems and Knowledge Discovery. [S. L]: IEEE Computer Society, 2009.

[197] MA T, YIN Z, ZHOU A. Delineating spatial patterns in human settlements using VIIRS nighttime light data: a watershed-based partition approach[J]. Remote Sensing, 2018, 10(3).

[198] HASHEMI M, ALESHEIKH A A. A GIS-based earthquaKe damage assessment and settlement methodology [J]. Soil Dynamics and EarthquaKe Engineering, 2011, 31.

[199] MAO Y, FORNARA F, MANCA S, et al.. Perceived residential environment quality indicators and neighborhood attachment: a confirmation study on a Chinese sample in Chongqing[J]. Psych Journal, 2015, 4(3).

[200] NIU WEN-YUAN, HARRIS W M. China: the forecast of its environmental situation in the 21st century [J]. Journal of Environmental Management, 1996, 47.

[201] PROGRAM U. Cities and climate change: global report on human settlements 2011[M]. Earthscan, 2011.

[202] QI R, XUE X H, YANG T, et al.. Application of contact number in suitability evaluation of human settlement environment-taKing jiangxi Province as an example[J]. DEStech Transactions on Computer Science and Engineering, 2019(7).

[203] SALMON B P, OLIVIER J C, KLEYNHANS W, et al.. The use of a multilayer perceptron for detecting new human settlements from a time series of MODIS images[J]. International Journal of Applied Earth Observation and Geoinformation, 2011, 13(6).

[204] BEYKAEI S A, MING Z, YUN Z. Extracting urban subzonal land uses through morphological and spatial arrangement analyses using geographic data and remotely sensed imagery[J]. Journal of Urban Planning &

Development, 2014, 140(2).

[205] PENG Y, WANG Y, NIU Y, et al.. Application study on intrusion detection system using IRBF[J]. Journal of software, 2014, 9(1).

[206] ZHU D, HUANG Z, SHI L, et al.. Inferring spatial interaction patterns from sequential snapshots of spatial distributions[J]. Int. J. Geogr. Inf. Sci, 2018(32).